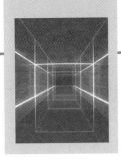

基于"3D工场+数字媒体项目"的高职数字媒体应用技术专业人才培养方案与专业课程标准

■ 李辉熠　张　敬／著

U0308719

CnS K 湖南科学技术出版社

图书在版编目（ＣＩＰ）数据

基于"3D工场+数字媒体项目"的高职数字媒体应用技术专业人才培养方案与专业课程标准 / 李辉熠，张敬著. — 长沙：湖南科学技术出版社，2021.9
ISBN 978-7-5710-1202-1

Ⅰ. ①基… Ⅱ. ①李… ②张… Ⅲ. ①数字技术－人才培养－高等职业教育－教学参考资料 Ⅳ. ①TP3

中国版本图书馆 CIP 数据核字(2021)第 179175 号

JIYU 3D GONGCHANG+SHUZI MEITI XIANGMU DE GAOZHI SHUZI MEITI YINGYONG
JISHU ZHUANYE RENCAI PEIYANG FANGAN YU ZHUANYE KECHENG BIAOZHUN

基于"3D 工场+数字媒体项目"的高职数字媒体应用技术专业
人才培养方案与专业课程标准

著　　者：李辉熠　张　敬
出 版 人：潘晓山
责任编辑：杨　林
出版发行：湖南科学技术出版社
社　　址：湖南省长沙市开福区芙蓉中路一段 416 号泊富国际金融中心 40 楼
　　　　　http://www.hnstp.com
湖南科学技术出版社天猫旗舰店网址：
　　　　　http://hnkjcbs.tmall.com
邮购联系：本社直销科 0731-84375808
印　　刷：长沙鸿和印务有限公司
　　　　　（印装质量问题请直接与本厂联系）
厂　　址：长沙市望城区普瑞西路 858 号
邮　　编：410200
出版日期：2021 年 9 月第 1 版
印　　次：2021 年 9 月第 1 次印刷
开　　本：710mm×1000mm　1/16
印　　张：9.25
字　　数：157 千字
书　　号：ISBN 978-7-5710-1202-1
定　　价：68.00 元

前　言

　　数字媒体应用技术专业是计算机技术与媒体艺术相结合的交叉专业，与数字创意产业、文化传媒产业高度对接，毕业生在影视、娱乐游戏、出版、图书、新闻等文化媒体行业，以及国家机关、高等院校、电视台及其他数字媒体软件开发和产品设计制作企业中具有巨大的发展空间。以中南传媒出版集团、湖南卫视、芒果TV等为代表的"出版湘军""广电湘军"在全国乃至世界文化传媒与数字创意产业中都具有重要地位。长沙荣获世界"媒体艺术之都"称号也佐证了湖南数字创意产业与文化传媒产业高度发展的状况。习近平总书记2020年考察马栏山视频文化产业园时做出"文化和科技融合，既催生了新的文化业态、延伸了文化产业链，又集聚了大量创新人才，是朝阳产业，大有前途"的讲话，进一步为湖南文化传媒产业、数字创意产业发展指明了方向，也为产业发展提供人才支撑的数字媒体技术等专业带来发展新契机。

　　近年来，湖南大众传媒职业技术学院数字媒体应用技术专业面向文化传媒及数字创意产业发展新业态，主动适应国家数字中国战略，依托学校"前台后院"办学机制，对接湖南卫视、芒果TV、乐田智作等媒体龙头企业，面向湖南传媒行业数字媒体技术领域培养高素质技术技能人才，构建了极具专业特色的"3D工场＋数字媒体项目"人才培养模式。经过20年不断的教学改革探索与实践，数字媒体应用技术专业工学结合办学特色鲜明，专业招生就业"供需两旺"，人才培养质量不断提升，已具较为明显的领先优势。该专业目前已经是高职教育创新发展行动计划国家骨干专业、国家骨干校重点建设专业、省级精品专业、省级一流特色示范专业群核心专业、省级团队专业、国家创新团队专业、国家教学资源库建设依托专业。在师资团队、教学资源、校企合作等方面具有十分深厚的积累，已经培养了2600余名数字媒体技术技能人才。

　　本书是数字媒体应用技术专业建设研究成果之一，是多年来数字媒体应用技术专业人才培养经验的总结，特别是在"3D工场＋数字媒体项目"工学结合人才培养模式、对接职业标准的课程体系、模块化教学模式等方面，形成了具有可复制、推广作用的创新成果，可以为数字传媒技术专业人才培养提供借鉴，助推文化传媒、数字创意等产业发展。本书主要内容包括 2021 年 1 月被湖南省教育厅评为优秀的数字媒体应用技术专业人才培养方案、专业核心课程标准、专业技能考核标准。其中：

人才培养方案聚焦传媒行业数字媒体领域典型岗位需求，在不断校准核心培养目标的基础上，结合高等职业教育教学规律和认知规律设计典型数字媒体项目任务与技能素养组合的课程模块，构建了"三主线两融合"模块化课程体系，将"技术技能培养""艺术设计素养""职业核心素养"三条培养主线贯穿数字媒体应用技术专业人才培养过程，实现"交互融媒体制作技术"与"虚拟现实制作技术"融合培养，并给出了专业教学基本条件要求和教学建议、学习建议。

核心课程标准主要主要列出了《三维动画设计》《数字影视特效》《数字影音编辑》《用户界面设计》《虚拟现实应用开发》五门专业核心课程的标准。课程标准内容主要包括课程概述、课程培养目标、课程教学内容、课程实施建议、课程教学团队建议、考核评价标准等内容。

专业技能抽查考试标准内容主要包括考核目标、考核内容、评价标准、组考方式、相关规范标准等。

本书由湖南大众传媒职业技术学院李辉熠、张敬共同著写。本书在编写过程中，受到很多热心于高等职业教育的专家的指导，同时也得到了许多数字媒体企业的支持，湖南大众传媒职业技术学院数字媒体应用技术专业夏丽雯、张立里、单瑛遐、周艳梅、钟山、谭旭珍、刘通等参与了部分编写论证工作，谨向他们表示诚挚的谢意！

目　　录

第一部分　专业人才培养方案

第二部分　专业核心课程标准

第三部分 专业技能考核标准

第四部分 附 专业调研报告

第一部分

专业人才培养方案

专业人才培养方案

一、专业名称与专业代码

专业名称：数字媒体应用技术专业

专业代码：610210

二、入学要求

普通高级中学毕业、中等职业学校毕业或具有同等学力者。

三、修业年限

基本学制三年。

四、职业面向

（一）职业领域

根据数字媒体应用技术行业的国家职业资格标准和岗位需求，考虑到区域经济发展实际，确定本专业的职业领域如表1所示：

表1 专业与行业、职业岗位对应表

所属专业大类（代码）	所属专业类（代码）	对应行业（代码）	主要职业类别（代码）	主要岗位类别（或技术领域）	职业资格证书或技能等级证书举例
电子信息大类（61）	计算机类（6102）	软件和信息技术服务业（65）广播、电视、电影和影视录音制作业（87）	计算机软件工程技术人员（2-02-10-03）；技术编辑（2-10-02-03）；音像电子出版编辑（2-10-02-04）；建筑模型设计制作员（X2-10-07-13）；数字视频合成师（X2-02-17-04）；广告设计师（2-10-07-08）；剪辑师（2-09-03-06）；动画制作员（4-13-02-02）	创意设计师视觉设计师内容编辑数字影视制作工程师虚拟现实应用开发工程师	计算机技术与软件技术资格（水平）考试（网页制作员）；1+X虚拟现实应用开发职业技能等级证书（初级、中级）

3

（二）岗位工作任务与职业能力分解

根据对数字媒体应用技术专业人才岗位需求的深入调研，组织数字媒体行业专家和课程专家对数字媒体技术岗位典型工作任务和职业能力进行系统分析，确定典型工作任务、职业能力和相关培养课程等信息如表2所示。

表2　职业岗位与职业能力对应表

序号	工作岗位		岗位描述	职业能力要求	职业素质要求
1	主要工作岗位	平面设计制作员	根据企划方案，独立完成产品包装、商品彩页、宣传手册、招贴画等二维平面作品制作。	具备良好的用户沟通和资料查找、收集整理能力，具有图形创意、素材加工、图形图像编辑加工能力，能制作简明、美观、实用的二维作品，能正确阅读分析平面设计资料，具备设计说明等应用文写作能力。	（1）具有良好的身体素质与心理素质；（2）遵纪守法，具有较高的职业道德素养；（3）具有良好的科学文化素质及一定的艺术欣赏能力；（4）具有较强的沟通表达能力；（5）具有独立分析问题和解决问题的能力，具有较强获取信息的能力；（6）具有良好的团队协作精神；（7）具有良好的创意设计、策划与计划的能力。
2		网页设计制作员	根据网站设计方案，独立完成网页素材收集、网页内容编辑、网页美工设计和制作。	具备良好的网站主题和创意设计能力，能根据设计要求收集、加工、整理相关信息素材，能运用主题网站设计理念和网页设计技巧制作美观、实用的网页，具备网站发布、测试、运维和应用文写作能力。	
3		网络动画制作员	根据网络动画设计方案，独立完成二维动画短片、二维广告动画、交互动画网站等网络动画设计与制作。	具备良好的动画脚本阅读分析能力，能根据作品要求选配声音、编辑合成音效、设计图形和编辑绘制图像，具备基本动画制作、合成、测试与发布能力，具备素材收集、资料归档管理与应用文写作能力。	
4		三维设计制作员	根据三维设计制作方案，独立完成三维建模、材质贴图、动画制作、交互漫游、渲染合成、测试发布等设计制作。	具备良好的三维作品阅读分析能力，能根据作品要求完成三维模型设计制作、材质贴图的设计制作、运动动画设计制作、三维粒子与特效制作、光影效果设计制作、互动动画设计制作和作品渲染合成，具备三维动画素材收集、产品测试、资料整理和应用文写作能力。	
5		数字影视制作员	根据数字影视作品制作要求，独立完成音乐选编、声效合成、视频编辑、特效制作、字幕设计等影视后期制作。	具备良好的视听语言分析能力，能根据作品要求选编配音，具有数字视频剪切、转场、字幕和特效等编辑能力，具备视频采集、合成、渲染、输出等作品制作能力，具备数字影视作品素材收集、产品测试发布、资料整理与应用文档写作能力。	

续表 1

序号	工作岗位		岗位描述	职业能力要求	职业素质要求
6	相关工作岗位	平面设计师	根据客户需求制定设计方案，带领团队完成产品包装、宣传册、企业形象设计等二维图形图像作品设计。	能根据用户需求制定项目设计方案，具备较强的图形创意设计能力、作品制作能力、作品分析评价能力，具有较强的项目开发、项目管理、团队领导和文档写作能力。	（1）～（7）同上 （8）丰富的项目设计制作经验； （9）丰富的团队管理经验，高效的执行力； （10）较强的计划、组织、推动、实施、监控及协调管理能力。
7		网络动画设计师	根据客户需求制定网络动画设计方案，完成H5动画、flash动画、GIF动画等网络动画设计。	能根据用户需求制定项目设计方案，具备较强的动画设计、制作、测试与发布能力，具有较好的人文和美术素养，具有较强的动画创意设计、项目开发与管理、团队领导和文档写作能力。	
8		数字影视编辑师	根据客户需求，制定项目策划方案和分镜脚本，带领团队完成数字影视编辑、影视特效设计、配音与字幕设计、片头片尾包装设计。	能根据用户需求制定影视作品后期制作方案，具备音频和视频剪切、转场、特效、渲染与后期合成设计制作能力，具有影视片头和影视栏目包装设计与制作能力，具有较好的人文与美术素养，具有较强视听语言分析能力、创新意识、团队领导能力和文档写作能力。	
9		UI界面交互设计师	根据客户需求制定设计方案，带领团队完成各终端平台的界面设计与制作	能根据用户需求制定项目设计方案，具备较强的图形创意能力、界面图像设计制作能力、UI动效设计制作能力、UI交互作品分析评价能力，具有较强的UI界面设计项目开发、项目管理、团队领导和文档写作能力。	
10		虚拟现实设计师	根据客户需求，制定设计方案，带领团队完成三维场景搭建、动画制作、效果渲染、交互设计。	能根据用户需求制定项目设计方案，具备良好的虚拟交互场景搭建、VR特效制作、交互程序开发、交互界面设计等能力，具有较好的人文与美术素养、创新意识、团队领导能力和文档写作能力。	
11		游戏建模师	根据游戏设计方案，独立完成游戏3D模型道具场景制作动画制作	负责3D模型与贴图制作，包含角色与服装等相应模型的制作； 准确理解原画设计需求，并在3D模型可实现性上面有足够的认知与经验。负责游戏动画制作。	
12		网站设计师	根据客户需求，制定设计方案，带领团队完成网站策划、栏目设计、网站美工、交互式网页设计。	能根据用户需求制定项目设计方案，具有良好的网站栏目设计、网页框架和布局设计、网页美工设计制作、网页动画设计制作、网站发布能力，具有较好人文和美术素养，具有较强的网络编辑、网站管理、团队领导和文档写作能力。	

续表2

序号	工作岗位	岗位描述	职业能力要求	职业素质要求
13	相关工作岗位 数字媒体产品销售经理	根据产品营销方案，独立完成市场调研，制作产品演示文档、报价单、合同文本、客户关系管理等，并对产品和客户等信息进行分析。	具备良好的数字媒体产品识别能力，能根据产品的性能和特点制定市场策划和营销方案，具有数字媒体产品知识和市场营销能力，具备产品宣传文档制作、市场营销文本写作能力，具备客户关系管理、商务谈判技能等沟通表达和应变能力。	

五、培养目标与培养规格

（一）培养目标

本专业培养理想信念坚定，德、智、体、美、劳全面发展，具有一定的科学文化水平，良好的人文素养、职业道德和创新意识，精益求精的工匠精神，较强的就业能力和可持续发展的能力，掌握本专业知识和技术技能，面向我国传媒行业数字媒体技术领域的计算机软件工程技术人员、技术编辑、音像电子出版物编辑、剪辑师、动画制作员等职业群，能够从事创意设计、视觉设计、内容编辑、数字影视制作、虚拟现实应用开发等工作的高素质复合型技术技能人才。

（二）培养规格

素质

（1）坚定拥护中国共产党领导和我国社会主义制度，在习近平新时代中国特色社会主义思想指引下，践行社会主义核心价值观，具有深厚的爱国情感和中华民族自豪感；

（2）崇尚宪法、遵法守纪、崇德向善、诚实守信、尊重生命、热爱劳动，履行道德准则和行为规范，具有社会责任感和社会参与意识；

（3）具有质量意识、环保意识、安全意识、信息素养、工匠精神和创新思维；

（4）勇于奋斗、乐观向上，具有自我管理能力、职业生涯规划的意识，有较强的集体意识和团队合作精神；

（5）具有健康的体魄、心理和健全的人格，掌握基本运动知识和一两项运动技能，养成良好的健身与卫生习惯，良好的行为习惯；

（6）具有一定的审美和人文素养，能够形成一两项艺术特长或爱好。

六、专业课程体系设计

（一）课程体系设计思路

学院数字媒体应用技术专业主要面向传媒行业数字媒体技术领域培养高素质技能型人才。为进一步明确数字媒体应用技术专业学生的培养目标和市场定位，培养具有较强的岗位能力和职业能力的数字媒体技术技能型应用人才，学院在专业建设指导委员会指导下，成立由校企专家共同组成的数字媒体技术课程体系开发团队。团队结合国家出台的《数字媒体应用技术专业教学标准》，以及行业企业颁布的"1＋X"证书《职业技能等级标准》，针对毕业生所从面向的"数字媒体创意产业""数字媒体技术领域"内企业岗位（群），深入开展行业、企业以及兄弟院校调研，把握数字媒体技术领域的新技术新动向，分析行业企业的人才需求，明确毕业所从事岗位（群）工作任务及职业能力要求，分析其中的知识要求、能力要求和素质要求，明确职业道德、职业素养要求。在专业建设指导委员会指导参与下，校企合作共同深入分析、归纳数字媒体项目设计制作的职业能力需求，进而分析归纳和确定出适合职业能力培养的学习领域课程。

（二）课程体系

团队聚焦传媒行业数字媒体领域典型岗位需求，校、企、行业组织共同参与，不断校准核心培养目标，优化人才培养方案，将"技术技能培养""艺术设计素养"和"思想政治素养"三主线贯穿整个课程体系，实现"数字富媒体交互技术"与"VR虚拟现实技术"人才培养相融合，根据职业成长规律和学习规律，按由浅入深、循序渐进、教学做练一体原则，对接数字影视特效制作、数字媒体交互设计、虚拟现实应用开发、界面设计等"1＋X"职业技能等级证书要求，对学习领域课程进行科学序化，重构基于典型数字媒体项目任务与技能组合的课程模块，打造"三主线两融合"模块化课程体系，其中课程模块的设置如图1所示：

其中公共基础课程和专业课程具体设置如下：

1. 职业素养课程

根据党和国家有关文件规定，将毛泽东思想和中国特色社会主义理论体系概论、思想道德修养与法律基础、大学体育、大学生心理健康教育、国防教育、安全教育、大学英语、创业基础、大学生职业发展与就业指导、形势与政策等列入公共基础必修课；并将党史国史、信息技术、汉字应用与普通话、阅读与写作、劳动实践、公共艺术、中华传统文化、美育、职业素养等列入必修课或选修课。

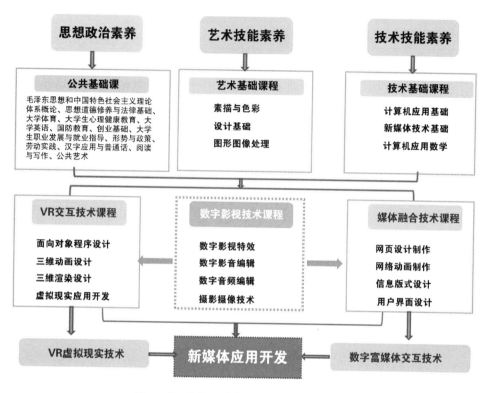

图1 "三主线两融合"模块化课程设置图

2. 专业技能课程

（1）专业基础课程

专业基础课程设置7门课程，包括：设计构成、图形图像处理、面向对象程序设计、素描与色彩、新媒体技术基础、网页设计制作、计算机应用数学课程。

（2）专业核心课程

专业核心课程设置6门课程，包括：网络动画设计、用户界面设计、三维动画设计、虚拟现实应用开发、数字影音编辑、数字影视特效。

（3）专业拓展课程

一是拓展学生应用能力的课程，如信息版式设计、摄影摄像技术、数字音频处理；二是促进人才深层次发展的课程，如三维渲染设计；三是体现学校特色课程，如新媒体应用开发。

（三）公共基础课程简介

1. 毛泽东思想和中国特色社会主义理论体系概论（72课时）

课程目标：使大学生对马克思主义中国化进程中形成的理论成果，尤其是对习近平新时代中国特色社会主义思想有准确的把握；对中国共产党在新时代坚持党的基本理论、基本路线、基本方略有透彻的理解；对运用马克思主义立场、观点和方法认识问题、分析问题、解决问题的能力有切实的提升。

课程内容：以马克思主义中国化为重点和主线，集中阐述马克思主义中国化理论成果的主要内容、历史地位和指导意义；系统阐释习近平新时代中国特色社会主义思想的主要内容和历史地位，以及建设社会主义现代化强国的战略部署。

教学要求：坚持理论联系实际，将课程内容与学生实际紧密联系；灵活运用线上与线下混合式教法与学法；考核由过程性考核和期末考核两部分构成。

2. 思想道德修养与法律基础（54 课时）

课程目标：通过本课程的学习，使学生领悟人生真谛，坚定理想信念，成为新时代忠诚的爱国者和改革创新的生力军，成为明大德、守公德、严私德的新时代青年，成为遵法学法守法用法的大学生。

课程内容：以青春之问、理想信念和中国精神为核心，引导学生担负起新时代赋予大学生的责任与使命；以核心价值、道德素质为核心，引导学生锤炼道德品质，积极投身崇德向善的道德实践；以法治素养为核心，引导学生养成遵法学法守法用法的自觉性，成为法治中国建设的中坚力量。

教学要求：课程教学采取理论与实践相结合、线上与线下相结合的灵活多样的教学方式。考核由过程性考核和期末考核两部分构成。

3. 大学体育（108 课时）

课程目标：通过合理的体育教育和科学的体育锻炼过程，达到增强体质、增进健康和提高体育素养为主要目标的课程。通过课程学习，学生学会 2 项及以上体育运动的基本技术，掌握一定的体育与健康知识，能自主、科学地进行体育锻炼；身体素质达到《标准》测试合格及以上水平；学生的心理健康状况得到改善，拥有较强的社会适应能力。

主要内容：包括体育与健康基础知识、身体素质练习、运动技能学习、体育活动几个模块。体育与健康基础知识模块与身体素质练习模块为必修，学生可在运动技能学习模块的篮球、排球、足球、乒乓球、羽毛球、健美操、啦啦操等项目中选修 1～2 项体育运动。

教学要求：打破原有传统班级建制，实施选项教学，分层培养；加强教学改革，促进课堂教学与课外、校外的体育活动有机结合，学校与社会紧密联系。考核由过程性考核和期末考核两部分构成。

4. 大学生心理健康教育（32 课时）

课程目标：提升学生心理保健意识，掌握并应用心理健康知识，促进学生全面发展。

课程内容：课程内容分为理论课程和实践课程两部分。理论课程24个课时，包含心理健康的概述、自我意识、学习心理、情绪管理、塑造健全人格、压力与挫折应对、人际交往、恋爱心理健康、性心理健康以及生命危机干预十个专题。实践8个课时，包含趣味心理测验、心理健康知识实践展示、心理健康影视分析以及心理技能考察四个专题。

教学要求：本课程1～2学期分专业开出。第一学期开课的专业，本课程教学周延长至复习与考试周，总教学周16周。根据学生身心发展规律，科学开展心理健康教育工作。形成科学的学习评价体系，采用过程性考核。期末成绩的构成：平时成绩占40％，期末考试成绩占60％。

5. 大学英语A（124课时）

课程目标：本课程为全院非艺术类专业的公共必修课程。通过两个学期的学习，基本达到《高等学校英语应用能力考试大纲》的水平，顺利通过英语A级等级考试。同时，能结合专业和岗位得体地进行日常会话和专业交流，成为具有良好的职业素养和职业道德的高素质技能型专门人才。

课程内容：两个学期共12个单元，包括听说读写译等教学模块，利用教材每单元不同的主题与思政课程进行深度融合，主要内容覆盖校园生活、中西美食、运动爱好、中西方节日、购物、旅行、科技、天气、交通、就医、环保、就业等。

教学要求：以课堂教学为主，根据非艺术类学生的特点，灵活运用情景、启发、互动、讨论、任务驱动式等教学法组织教学活动，并充分结合多媒体技术及信息化教学手段，引导学生主动学习。考核由过程考核和期末考核两部分组成。

6. 国防教育（148课时）

课程目标：使学生增强国防观念、国家安全意识和忧患危机意识；全面提升学生国防意识和综合军事素质，为实施军民融合发展战略和建设国防后备力量服务。

课程内容：军事理论部分讲述中国国防、国家安全、军事思想、现代战争、信息化装备等军事基础知识和基本军事技能，有机融入中华优秀传统文化、革命传统、法治意识，进行国家安全、民族团结以及生态文明教育；军事技能训练部分包括共同条令教育与训练、射击与战术训练、防卫技能与战时防护训练、战备基础与应用等内容，便于学生完成实操。

教学要求：课程采取理论与实践相结合、线上与线下相结合的灵活多样的教学方式。考核由过程考核和期末考核两部分组成。

7. 创业基础（32课时）

课程目标：掌握创业基础知识，熟悉创业基本流程和方法，了解创业法律法规和政策，激发学生创业意识，培养学生创新精神，提升创业能力。

课程内容：学习基本概念、原理等创业基本知识，具有整合创业资源、设计创业计划、创办和管理企业的综合素质；锻炼创业能力，重点培养学生识别创业机会、防范创业风险的能力；培养创业精神，培养敢为人先的创新意识、坚持不懈的意志品质、服务社会的责任感。

教学要求：共32课时，包括理论教学20课时、实践教学12课时。采用以课堂教学为主、个性化创业指导为辅，线上线下结合和实践课程交替进行的教学模式。实践主要有市场调查、项目设计、企业创办等创业实践活动。考核由过程性考核和期末考核两部分构成。

8. 大学生职业发展与就业指导（32课时）

课程目标：激发学生职业生涯管理的自主意识，理性规划未来发展，树立正确的就业观，提高就业能力和生涯管理能力，促进学生全面发展、终身发展。

课程内容：包括职业生涯规划和求职就业指导两部分，学生了解并掌握所学专业对应的职业类别，以及相关职业和行业就业形势；了解生涯规划与未来生活的关系；影响职业规划的因素；职业需要的专业技能和提升的途径；求职前的准备、求职技巧与求职心理调适等。

教学要求：共32课时，包括理论教学20课时、实践教学12课时。结合高职生就业、创业、成才的真实案例，采用以课堂教学为主、以个性化就业指导为辅，线上线下相结合的教学模式，理论与实践课程交替进行。考核由过程性考核和期末考核两部分构成。

9. 形势与政策（40课时）

课程目标：准确理解党的基本理论、基本路线、基本方略，正确认识新时代国内外形势，培养担当民族复兴大任的时代新人。

课程内容：党的基本理论、基本路线、基本方略、基本纲领和基本经验；改革开放和社会主义现代化建设形势、任务、发展成就；党和国家重大方针政策、重大活动、重大改革措施；当前国际形势与国际关系状况；我国的对外政策；世界重大事件和我国政府的原则立场。

教学要求：共40课时，包括理论教学20课时、实践教学20课时。实践教学主要形式包括主题活动、学习考察、专题报告会、社会实践、社会调查等，做到系统讲授与专题讲座相结合，课堂教学与课外实践相结合，线上与线下相结合。考核由过程性考核和期末考核两部分构成。

10. 劳动实践（16课时）

课程目标：准确把握社会主义建设者和接班人的劳动精神面貌、劳动价值取向和劳动技能水平的培养要求，全面提高学生劳动素养，树立正确的劳动观念、具有必备的劳动能力、培育积极的劳动精神、养成良好的劳动习惯和品质。

课程内容：包括日常生活劳动、生产劳动和服务性劳动中的知识、技能与价值观。日常生活劳动教育立足个人生活事务处理，结合开展新时代校园爱国卫生运动。生产劳动教育要让学生学会使用工具，掌握相关技术，感受劳动创造价值。服务性劳动教育让学生利用知识、技能等在服务性岗位上见习实习。

教学要求：落实教育部印发的《大中小学劳动教育指导纲要（试行）》文件精神，结合专业特点，组织学生持续开展日常生活劳动、定期开展校内外公益服务性劳动、参与真实的生产劳动和服务性劳动等，将劳动素养纳入学生综合素质评价体系。

11. 汉字应用与普通话（36课时）

（1）汉字应用（18课时）

课程目标：帮助学生熟悉汉字的起源、发展以及用字的规范化要求，掌握5500个汉字的字形、字音、字义及用法，提高使用汉字的综合能力，培养学习汉字的兴趣，增强民族文化认同感和传承优秀传统文化的责任感。

课程内容：汉字的起源、造字法、形体演变及规范化要求，汉字应用水平测试的意义、内容、等级、题型及答题要求，形声字、形近字、多音字、冷僻字和异读词的读音，笔画、笔顺、偏旁、结构等汉字知识，规范字与繁难字的字形，形声字、相近字、低频字的意义。

教学要求：本课程为公共必选课程。教学时要将汉字知识融入汉字应用能力训练之中，做到知识学习深入浅出、能力训练循序渐进。考核由过程性考核和期末闭卷考试两部分构成。

（2）普通话（18课时）

课程目标：结合普通话水平测试进行针对性训练，让学生掌握普通话语音基本理论和声、韵、调、音变的发音要领，具备较强的方音辨别能力和自我语音辨正能力，提高普通话口语表达能力，能用标准或比较标准的普通话进行职场口语交际，顺利通过国家普通话水平测试并达到二级乙等及以上等级。

课程内容：主要包括"普通话概述""普通话语音基础""普通话应用能力综合训练"三部分。

教学要求：本课程为公共必选课程。针对教学任务特点，以普通话等级测试为杠杆，以测促训，以训保测，通过线上线下混合式教学，帮助学生进行系统的学习和训练。

12. 阅读与写作（36 课时）

课程目标：帮助学生领悟阅读与写作的内涵、意义及关系，掌握常见常用文体阅读及写作的方法，提高阅读及写作的能力，拓宽知识范围，提高文化素养，坚定理想信念。

课程内容：阅读与写作的内涵、意义及关系，诗歌、散文、小说等文学作品的阅读与写作，论文、社会评论、调查报告等学术作品的阅读与写作，消息、通信等新闻作品的阅读与写作，通知、通报、请示、报告、函等行政公文的阅读与写作，计划、总结、求职信、协议书等事务文书的阅读与写作。

教学要求：本课程为公共必选课程。教学时要做到阅读与写作相融合、课内专题训练和课外拓展训练相结合、人文素养提升与专业素养提升相配合。考核由过程性考核和期末闭卷考试两部分构成。

13. 公共艺术（20 课时）

课程目标：旨在坚持育人为本的宗旨，面向全体学生，坚持艺术教育的公平性，真正通过公共艺术教育让每一个学生得到艺术的熏陶，提升审美素质，形成健全的人格，增强综合素质。

课程内容：包括艺术导论、音乐鉴赏、美术鉴赏、影视鉴赏、舞蹈鉴赏、书法鉴赏等内容。

教学要求：本课程为限定性选修课程。落实《湖南省教育厅关于全面推进高等学校公共艺术课程建设的意见》《关于进一步加强我省各级各类学校体育、艺术、健康和国防教育课程建设的意见》文件精神，按艺术限定选修课程开设，每个学生在校学习期间至少在艺术限定性选修课中选修一门并且通过考核。

14. 其他科学领域课程（20 课时）

课程目标：旨在培养具有健全人格和自我发展潜力的公民。即培养学生在职业观念、人生态度、职业选择、思维能力、国家意识等方面的综合素养，成为不仅能做事，会做人，还要会独立思考，勇于坚持真理和正义，具有足够常识的获取和持续发展能力的人。

课程内容：包括中华传统民族文化、信息技术素养、创新创业、健康教育、职业素养、非物质文化遗产、党史国史等人文、社会、自然科学等领域课程。

教学要求：本课程为全校选修课程，由选修课程群组成。落实学院对公共选修课开设及管理要求，每个学生在校学习期间至少在该课程群中选修一门并且通过考核。

（四）专业基础课程简介

1. 计算机应用基础（32 课时）

课程目标：通过本课程学习，使学生能够熟练使用 Excel 表格进行数据管理、熟悉 Word 公文写作格式的排版、掌握 PPT 演示文稿的排版运用，培养学生具备良好的文字编排功底；熟练运用 Office 等办公软件、熟悉办公室行政管理及工作流程，熟练运用 Word、PPT、Excel 等办公软件的基本能力。

主要内容：本课程按照信息处理核心能力递进规律组织教学，从信息平台、信息处理、信息应用等三个方面对教学内容进行提炼和优化，将计算机知识、技能、应用进行解构，按工作过程和能力递进规律对教学内容进行重构，由浅入深、循序渐进地设计了七个学习情境（微机的选购与使用、系统操作与管理、网络互联与交流、文档编辑与排版、数据统计与分析、演示报告与展示、信息综合与应用）和教学项目，每个项目设计 3～4 个学习任务，构成能力递进课程内容体系。

教学要求：以"职业能力本位、工作过程导向、典型案例应用"为基本原则，按现代职业岗位对信息处理能力的要求，与企业合作精选教学内容，按职业工作过程和学生认知规律与能力递进规律循序渐进编排教学内容，采用"教、学、练、评"合一的教学方法，通过自编教材、实训指导书、湖南省名师空间课堂教学资源和国家级精品资源共享课程网站，实现随时随地、线上线下自主学习，帮助学生在学习中理解知识、实训中掌握技能、应用中提升能力，使学生成为计算机操作的行家里手、信息处理的职业能手。

2. 网页设计制作（72 课时）

课程目标：通过本课程学习，使学生能够独立完成网站首页及内页效果图设计，提供网页平面设计图；能完成网页中宣传广告、标语、图标的图片设计制作；能对网页中各元素进行编辑；能采用 DIV＋CSS 布局制作静态网页，兼容 IE6、IE7、IE8、火狐等主流浏览器；能对页面进行持续的优化，不断提升访问者的用户体验。

课程内容：网站欣赏，网站策划，站点管理，网页元素编辑，DIV＋CSS布局，CSS 美化页面，模板和库整合网页，网站 LOGO、图标、宣传广告、效果图制作，网站发布和优化，HTML 语言。

教学要求：引入实际网站项目，以网站项目任务驱动，以网站的实现过程作为课程主线，进行网站设计制作所需知识技能点的讲授与实践，随着任务的不断推进完成，推动整个课程的进展。课堂教学过程中教师采用线上线下相结合的教学手段，情境设置法、项目驱动法、行动导向法、案例分析法等实践性较强的教学方法。学生采用课堂训练掌握与课后训练提升相结合的方式进行学习，采用过程性考核、终结性考核相结合的方式评定成绩。

本课程是"以证代考"的课程，学生也可以通过考取中华人民共和国人力资源和社会保障部、工业和信息化部所颁发"计算机技术与软件技术资格（水平）考试（网页制作员）"初级证书代替修满该门课程学分。

3. 面向对象程序设计（64 课时）

课程目标：本课程结合面向对象程序应用领域及岗位能力要求，以项目化教学为导向，从 C♯面向对象程序设计的本质及特性等要素切入讲解，将 C♯面向对象程序设计的理念、语法、逻辑和程序应用等方面进行有机结合，培养学习者形成系统性、创造性的专业思维，具备独立进行 C♯面向对象程序开发的能力。

课程内容：有机衔接虚拟现实应用开发"1＋X 证书"职业技能中级等级标准，主要通过 C♯语言讲述面向对象编程的方法以及基本的程序设计方法，采用"理论＋案例"构建课程模块，模块内容包括 C♯编程环境、程序设计方法、C♯语言的基本语法、流程功能设计、程序异常处理、面向对象程序设计方法、面向对象的数据信息的处理、项目综合开发等。通过学习，学生可由浅入深，从实践到抽象，结合逐步能根据程序设计特点，掌握 C♯面向对象程序设计的基础知识和脚本开发技能，为后续的虚拟现实应用开发打下基础。

教学要求：通过引入实际程序项目案例贯穿知识讲解，教学过程中开展线上线下混合式教学，采用信息化教学手段进行课堂教学，结合任务驱动、项目教学法、案例分析法等教学方法开展教学。学生采用课前预习、课堂互动训练与课后答疑的方式进行学习。采用过程性考核、终结性考核相结合的方式评定成绩。

4. 新媒体技术基础（30 课时）

课程目标：通过本课程的学习，使学生能充分了解新媒体技术行业的发展趋势、主流技术和前沿技术的相关知识，并培养学生具备行业前沿知识与资讯的搜索、分析与应用的技能；能充分了解音频、视频、动画等新媒体内容制作技术、呈现技术和展示技术的流程及方法。

主要内容：本课程以新媒体技术领域主流技术将知识内容划分为四个模块，分别是：新媒体信息处理及编辑技术：数字图像处理、动画制作、数字音频处理、数字视频处理、VR 应用技术；新媒体信息传输技术：数据通信技术基础、网络安全技术；移动新媒体技术基础：移动互联网；新媒体信息显示、发布与搜索技术。

教学要求：本课程在知识体系的结构上按照行业新媒体技术领域的分类进行模块性设计，在教学内容的筛选上，按典型新媒体技术的行业应用进行典型案例的收集，遵循学生认知规律，按循序渐进的基本原则设置教学内容。教师在课堂的教学过程中采用案例分析法、行动导向法等教学方法，并采用信息化教学手段实施课堂教学。课程采用过程性考核、期末考试终结性考核相结合的方式评定成绩。

5. 计算机应用数学（60 课时）

课程目标：通过本课程学习，使学生能具有一定的抽象思维能力、逻辑推理能力、运算能力；能运用基本概念、基本理论和基本方法正确地判断和证明，准确地计算；能综合运用所学知识分析并解决简单的实际问题；能在设计过程中通过设计方法找到最佳解决思路，为之后的程序相关课程奠定理论基础。

课程内容：函数、极限与连续、导数、行列式、矩阵、线性方程组。

教学要求：根据专业要求设置对应模块。课堂教学过程中教师采用任务驱动、项目导入法、案例分析法等教学方法。学生采用课前预习、课堂互动训练与课后答疑的方式进行学习。采用信息化教学手段进行课堂教学；采用过程性考核、终结性考核相结合的方式评定成绩。

6. 素描与色彩（60 课时）

课程目标：通过本课程的学习，培养学生基本造型的认知理解能力、颜色的认知和调配能力，使学生具备造型设计制作和颜色调配组合等数字媒体设计师所必需的基础知识及相关的基本职业能力。

课程内容：课程一共分 2 个大模块：一是素描基础与表现，二是色彩调配与绘制。通过"理论＋案例实战"相结合，一步步由易到难地使学生逐步了解软件的使用功能和技巧。涵盖的内容有：素描基础知识、素描的构图与透视关系、素描明暗表现、单个素描静物绘制、多个素描静物绘制、多个素描组合关系表现、素描静物质感表现；色彩的基本知识、色彩的静物表现、色彩的关系组织、色彩的质感表现、色彩的搭配。

教学要求：本课程按数字媒体应用技术对应的课程能力的设计素描、设计色彩两个方面划分学习任务，每个模块由简单到复杂，优选典型案例引进真实项目任务，按典型版式设计制作过程组织教学内容和安排教学顺序，并采用信息化教学手段进行课堂教学；采用过程性考核、终结性考核相结合的方式评定成绩。

7. 设计构成（72 课时）

课程目标：通过本课程的学习，培养学生创造性思维能力、平面设计能力、色彩设计能力和空间立体形态的创造能力，使学生具备学习能力、动手能力、工作能力、团结协作能力以及健康的身心素质和良好的职业道德素养。

课程内容：本课程主要内容包括平面构成的基本概念，现代设计构成的造型设计语言，色彩构成的原理，立体构成塑造形体的原理，以及各种创意设计手法。通过设计练习，巩固理论知识和提高实践运用能力、设计表现能力，提升对色彩感知能力，掌握类似调和、对比调和技巧；并能利用抽象的材料和模拟构造，创造纯粹的形态造型，使学生在从事设计之前学会运用视觉语言，完成设计构成综合项目。

教学要求：本课程在知识体系的结构上进行模块性设计，在教学内容的筛选上，遵循学生认知规律与能力循序渐进的基本原则，以数字媒体技术岗位对人才的要求进行典型案例的收集，并采用信息化教学手段进行课堂教学；采用过程性考核、终结性考核相结合的方式评定成绩。

8. 图形图像处理（72 课时）

课程目标：使学生能够运用点线面构成知识阅读和分析图形图像作品，能够运用构成形式法则设计图形图像作品，能够运用图像处理软件制作图形图像作品，能够运用色彩关系处理和调整图形图像色彩，能够根据需要设计不同效果的艺术文字，能够根据应用需求编排不同类型和风格的版式，能够根据不同的用途选择、制作特殊材质效果，能够根据作品或项目要求整理和撰写设计文档。培养学生知识产权保护意识、诚信意识，尊重公民隐私，履行道德准则和行为规范。

课程内容：课程内容主要包括八个部分：采集数字图形与图像、图像素材配色与加工、特效文字设计与制作、海报广告设计与制作、界面光影设计与制作、包装材质设计与制作、网页界面设计与配色、艺术插画与画册设计。

教学要求：本课程按平面设计产品的"图像采集—素材加工—设计制作"过程划分，并将思想政治教育融入课程教学，为了能更好地训练设计方法，提高平面设计创作能力，培养工匠精神，每个模块由简单到复杂优选典型案例和任务，按照典型产品设计制作过程组织教学内容和安排教学顺序。为了实现教学任务，将八个模块的项目分成若干小项目，每个小项目分一次或几次课完成，每完成一个子项目都要提交作品进行考核。通过学习和能力训练，使学生在以后的工作岗位中能够从事平面设计工作，能够在其他设计中运用平面设计思想进行相关的设计和素材处理。

（五）专业核心课程简介

1. 用户界面设计（52 课时）

课程目标：本课程培养具有较高的交互艺术创意与设计理论素养，掌握互动媒体的基本理论和基本技能，能收集和分析各种相关软件用户群的需求，提出构思新颖、有高度吸引力的交互艺术创意设计；能对页面进行优化，使用户操作更趋于人性化。并能熟练运用 Photoshop、Illustrator、Flash、3DMAX等多种图形软件和互动技术完成软件界面和图标的美术设计、创意工作和制作工作。培养学生创意思维，知识产权保护意识和诚信意识，培养项目需求沟通能力与团队协作能力。

课程内容：本课程教学内容总共分为四个模块，分别是：交互视觉设计概述、信息图标设计与制作、用户界面设计与制作和交互艺术设计综合项目设计应用，其中综合项目设计应用模块结合主要岗位任务细分为交互信息图简历设计、手机主题图标设计、电子智能手表主题 UI 设计、APP 设计制作、VR 游戏界面设计等教学内容。

教学要求：课程教学的方法主要有理论讲授、课堂讨论、技术实验、案例观摩、作业讨论、项目教学等多种多样的形式；采用信息化教学手段进行课堂授课、集中讨论、分组实践的方式进行教学；采用过程性、终结性考核方式评定成绩。

2. 网络动画设计（72 课时）

课程目标：通过本课程学习，使学生了解 H5 网络动画的基本原理，掌握 H5 网络动画制作工作流程；熟悉市面上大多数 H5 网络动画主流平台，能熟练搭建动画制作环境；能根据具体需求制作各类型 H5 页面；提高动画欣赏与分析能力，树立认真细致、不断创新的工作作风，增强团队协作能力和沟通表达能力，养成良好的自学习惯，形成积极主动的学习态度，发挥创造性思维。

课程内容：本课程的教学内容是以网络动画项目为主，以 ih5 工作环境制作网络动画为辅。选择了邀请函、一镜到底、360 度全景、助力、积攒、砍价、节日祝福等多个动画项目作为教学项目，具体内容包括：缓动、运动、动效、面板、横幅、容器、层、对象组、gif 动画、时间轴、滑动时间轴、对象碰撞、克隆、遮罩、画图（擦一擦）、全景图、物理世界和物理引擎、双屏或多屏互动、屏幕适配、地图导航等现在比较流行的技术。

教学要求：为了能更好地训练设计方法，提高网络动画制作能力，每个模块由简单到复杂优选典型任务，即按典型网络动画作品设计制作过程组织教学内容和安排教学顺序。为了实现教学任务，将网络动画各模块项目分成若干小项目，每完成一个子项目都要上交项目作品进行考核。通过学习和能力训练，使学生在以后的工作岗位中能够从事网络动画的工作。

3. 三维动画设计（64 课时）

课程目标：通过本课程的学习，使学生掌握三维项目中的各种建模方法的思路方法及技术操作；材质编辑器的使用方法、各种不同贴图方式的效果和特点、材质贴图相关参数设置，各种贴图效果制作；摄像机相关参数含义、关键帧动画的调节方式，环境漫游动画渲染制作等。培养学生的艺术感、空间感和运动感，使学生能够根据三维设计制作方案，综合运用各类型三维建模、材质灯光与动画制作的思路方法以及基本技能，完成三维场景以及动画短片的制作。培养学生知识产权保护意识与职业素养，履行道德准则和行为规范。

课程内容：根据三维动画的设计与制作过程，采用"理论＋项目案例"的技能训练编排教学内容，将课程内容分为三维模型的制作、材质调整、灯光布光和动画设计制作、三维动画综合项目设计应用五大模块。具体内容包括三维动画概述、三维软件基础、三维模型制作、材质灯光设定、动画设计与制作、渲染输出、综合项目开发七大学习任务。

教学要求：采用"任务驱动、项目导向"教学方法，每个模块由简单到复杂优选典型任务，按照典型三维动画设计制作过程组织教学内容和安排教学顺序。为了实现教学任务，将各三维动画五个模块项目分成若干小项目，每一个小项目安排若干课时完成，子项目完成后，提交子项目作品成果进行考核。通过学习和能力训练，使学生在以后的工作岗位中能够从事三维动画设计与制作的工作。采用混合式教学模式，运用信息化教学手段进行课堂授课进行教学；采用过程性、终结性考核方式评定成绩。

本课程是"以证代考"的课程，学生也可以通过考取中华人民共和国人力资源和社会保障部、工业和信息化部所颁发"虚拟现实应用开发职业技能等级证书（初级）"代替修满该门课程学分。

4. 虚拟现实应用开发（64课时）

课程目标：通过本课程的学习，使学生深入了解虚拟现实的设计原理和制作流程，理解虚拟现实技术相关专业理论知识，掌握 C♯脚本开发，熟悉 Unity 3D引擎的使用技巧和方法，能根据产品和项目设计要求，完成三维虚拟交互功能的实现和效果的设计与制作工作。

课程内容：本课程根据虚拟现实应用开发职业岗位的要求，以三维虚拟实现产品设计制作典型工作任务为主线划分为以下内容模块：虚拟现实概述、Unity 基础、虚拟现实交互场景创建、Unity 脚本程序基础、图形界面系统、粒子系统、物理引擎、动画系统、虚拟现实典型处理技术、VR 综合案例开发。

教学要求：采用"任务驱动、项目导向"教学方法，每个模块由简单到复杂优选典型任务，按照典型虚拟现实开发制作过程组织教学内容和安排教学顺序。为了实现教学任务，将各模块分成若干小项目，各子项目进行阶段性考核。采用混合式教学模式，运用信息化教学手段进行课堂授课、集中讨论、分组实践的方式进行教学，采用终结性、过程性考核方式评定成绩。

本课程是"以证代考"的课程，学生也可以通过考取中华人民共和国人力资源和社会保障部、工业和信息化部所颁发"虚拟现实应用开发职业技能等级证书（中级）"代替修满该门课程学分。

5. 数字影视特效（64课时）

课程目标：本课程引入湖湘文化、经典传承等元素结合典型的数字影视项目的实现技巧进行教学，促使学生掌握影视特效的工作原理，掌握影视作品的行业规范；能运用素材的合成、关键帧动画、各种影视特效技术及方法完成影视特效视频片段及影视作品的制作。培养学生爱国情怀、知识产权保护意识，不弄虚作假，尊重公民隐私，履行道德准则和行为规范。

课程内容：本课程涵盖了目前数字影视特效制作领域中的主流技能知识，分别为：图形动画特效、文字特效、蒙版特效、调色特效、运动与跟踪技术、抠像技术等知识；在技能应用上设置了两个综合应用项目，分别是：MG 动画项目制作、数字影视包装项目制作。

教学方法：本课程将课程教学进行空间与时间的延伸，采用线上线下混合式教学，科学合理的设计课前、课中与课后的教学活动环节；充分挖掘教学过程中的互动性，将"教"与"学"的互动，"老师"与"学生"的互动设计到每个知识点和每个教学环节中去，实现知识吸收、技能应用和能力迁移的目的，以此促进学生学习成效，激发学生创新思维。

6. 数字影音编辑（52 课时）

课程目标：本课程引入湖湘文化、经典传承等元素结合数字影音作品的策划、剪辑、合成等技巧进行教学，使学生了解数字影音编辑的基本技能与数字影音作品制作的基本流程，培养学生的影视作品的创意能力、剪辑合成能力，提升学生综合使用平面设计软件、影视特效制作软件和音频编辑软件进行数字影音作品的制作能力；培养学生爱国情怀、知识产权保护意识，不弄虚作假，尊重公民隐私，履行道德准则和行为规范。

课程内容：本课程采用项目引导的方式将知识技能进行科学设计，将课程内容以循序渐进、由易到难的形式，分三个模块进行编排，分别为镜头与剪辑（蒙太奇、视听语言、分镜头脚本）、基础技能（剪辑、转场、特效、音频、字幕）、影音编辑综合实践（音乐短片制作、数字广告片制作），学生通过课程的学习最终掌握视频剪辑思路和方法、影音作品的策划和实现技巧、视频特效的表现和制作技巧等知识。

教学方法：采用"任务驱动、项目导向"教学方法，根据数字影音编辑项目中的主流技能知识进行课程任务选取并进行知识的梳理与讲解，以若干个课堂子任务进行各个知识点的学习，教学模块按实际工作流程划分为理论、技能与应用三个阶段，课程的理论实践一体化教学过程全部安排在实训室进行，教学以学生为中心，教师全程负责讲授知识、答疑解惑、指导项目设计制作，充分调动师生双方的积极性，实现教学目标。

（六）专业拓展课程简介

1. 摄影摄像技术（64 课时）

课程目标：本课程主要培养和提高学生摄影造型的艺术修养和创作能力，要求学生掌握摄影基本技能，培养学生的创新能力，培养学生适应岗位工作的能力，培养学生的职业素养。使学生形成谦虚、好学、勤于思考、做事认真的良好作风又兼具团队协作精神。最终培养既掌握扎实的摄影基础，又具有较强实践能力和创新意识的高素质技术人才。

课程内容：本课程结合数字媒体应用技术专业的特点，以岗位需求为目标，分析岗位所需职业能力为依据，把本课程划分为五个教学单元，并配以必要的实训教学项目，涵盖的知识点有：胶片摄影、数码摄影、摄影的门派特征；摄影的不同分类；相机种类、构造、镜头、附件；光学成像原理、基础曝光、曝光与测光、景深及应用、构图规律；案例及实训讲解（人像、风光、新闻、建筑环境摄影等）。

教学要求：课程教学的方法主要有理论讲授、课堂讨论、技术实验、图片观摩、作品拍摄、实习讲评、工学交替、作业讨论等多种多样的形式；采用信息化教学手段进行课堂授课、集中讨论、分组实践的方式进行教学；采用终结性、过程性考核方式评定成绩。

2. 三维渲染设计（64 课时）

课程目标：通过本课程的学习，培养学生的艺术感、空间感和运动感，具同修课程为信息版式设计、建筑漫游环境、三维游戏场景等方面的技术处理能力，为今后继续学习其他专业课程和深入应用奠定基础。

课程内容：本课程主要结合实际项目案例进行三维场景材质、灯光的内容讲解。学生主要学习三维环境中的各种灯光的特点和用法以及给场景布光的技巧、三维渲染器的使用方法及渲染设置。通过案例讲解和制作训练使学生形成场景材质和灯光处理能力，并能独自进行三维效果的材质表现和灯光环境构建。

教学要求：该课程按照从简到繁、循序渐进、整体系统的原则进行教学，将课堂讲授、案例分析和实践作业三者相结合，既注重理论基础又需注重技术操作。采用信息化教学手段进行课堂授课、集中讨论、分组实践的方式进行教学，采用终结性、过程性考核方式评定成绩。

3. 新媒体应用开发（78 课时）

课程目标：本课程以提升学生岗位工作技能为目标，进行数字媒体项目的研发及推广模拟，以培养学生的实际工作能力，丰富其知识结构，增加其团队合作与创新创业意识。学生通过本课程的学习，掌握数字媒体项目的策划、制作、发布及推广的流程，并在学习的过程中体验平面项目制作、影视项目制作、网页项目制作和网络动画发布项目等典型工作任务，达到能以团队合作的形式完成数字媒体项目的能力，训练学生的创新思维、设计思维、专业技能，使其能胜任数字媒体技术平面设计、影视制作、网页设计、网络动画设计等相应岗位的工作。培养学生的团队协作意识与能力，提升项目协作沟通交流能力，培养知识产权保护意识，履行道德准则和行为规范。

课程内容：本课程以数字媒体行业的若干项目为载体，与企业合作设计典型的项目案例作为学习任务，根据数字媒体技术岗位的工作任务要求，确定学习目标及学习任务内容。内容主要包含 VI 设计制作项目、数字海报设计制作项目、数字画册设计制作项目、数字影视设计制作项目、新媒体平台应用开发项目。

教学要求：本课程采取任务驱动、项目导向的教学模式，以学生为主体，依据新媒体作品设计制作岗位需求和具体新媒体技术项目验收标准来实施教学和考核；课程教学的方法主要有理论讲授、课堂讨论、小组研讨、案例观摩、分组实践、小组互评等多种多样的形式；采用信息化教学手段进行课堂授课、集中研讨、分组实践的方式进行教学；采用终结性、过程性考核方式评定成绩。注意学生团队协作精神的培养，注意引导学生树立爱岗敬业的工作作风，提升学生的职业道德素养和工作责任心。

4. 信息版式设计（64 课时）

课程目标：通过本课程的学习，培养学生版式规划设计能力，使学生具备版式设计、作品画面元素规划等数字媒体设计师所必需的基础知识及相关的基本职业能力。如具备独立完成平面图像版式设计、交互界面版式设计、视频动态界面和设计等方面的设计与制作能力，具备良好的自学能力和沟通表达能力、团队协作能力，可以胜任数字媒体相关类型项目版式规划工作。

课程内容：本课程按照数字媒体应用技术对应的职业能力，教学内容编排选取能提高学生版式设计规划创作能力的典型案例，整体课程内容划分为信息版式设计基础、平面图像版式设计、视频图像版式设计、交互图形版式设计四大模块。

教学要求：本课程采取任务驱动式教学，以项目的完成过程为主线，贯穿于每个知识点的讲解，随着项目任务的逐步完成来推动整个课程的进展。课堂教学过程中教师采用线上线下相结合的教学手段，学生采用课堂训练掌握与课后训练提升相结合的方式进行学习。采用终结性、过程性考核方式评定成绩。

5. 数字音频编辑（32 课时）

课程目标：通过本课程的学习，培养学生具有数字音频编辑、制作以及声音素材采样与应用处理等方面的职业技能和素养。

课程内容：本课程依据数字媒体技术的相关岗位基本需求以岗位工作流程来安排授课任务，将知识模块分成五部分：数字音频基础知识、数字音频编辑基础、创作及录制音频技巧、数字音频缩混技巧、视音处理与后期输出。通过课程的学习，学生能熟悉 Adobe Audition 数字音频工作站（DAW）以及相关效果器插件的操作技术，了解数字音频编辑的工作思路及相关规律，清楚数字音频前后期制作流程，掌握前期录音技术和后期拟音、音编、混音、母带等各种影像作品内嵌声音的制作方法，具备良好的数字音频编辑及设计能力。

教学要求：课程采取项目驱动式教学，以任务的完成过程为主线贯穿于每个知识点的讲解，随着任务的不断拓展来推动整个课程的进展。课堂教学过程中教师采用信息化教学手段，学生采用课堂训练掌握与课后训练提升相结合的方式进行学习。课程采用过程性、终结性考核方式评定成绩。

（七）实习实训与毕业设计课程简介

1. 数字图像编辑综合实训（40 课时）

课程目标：本课程是为了提高学生在数字平面制作中的创意、策划和制作技能，以典型的数字平面设计项目相关要求引导学生掌握数字平面设计相关岗位的工作流程、制作技巧，并提升学生在实际制作中所遇到问题的解决能力。培养学生知识产权保护意识，不弄虚作假，尊重公民隐私，履行道德准则和行为规范。

课程内容：以数字平面项目制作的主流类型设定学生需完成的综合实训内容：包装设计、数字海报及画册制作、书籍设计、网页设计、UI 交互界面设计制作等。

教学要求：以小组的形式完成项目作品，引导学生确定项目制作类型、提交创意策划文档，完成项目所需的素材收集、制作及后期技术处理等工作，全程以学生实践为主，老师指导为辅进行教学，采用集中讨论、案例分析、头脑风暴、分组实践的方式进行教学。课程采用过程性、终结性考核方式评定成绩。

2. 三维设计综合实训（40 课时）

课程目标：本课程是为了提高学生在三维动画项目制作中的创意、策划和制作技能，通过典型的三维动画项目制作，引导学生掌握三维动画制作岗位的工作流程、制作技巧，并提升学生在实际制作中所遇到问题的解决能力。培养学生知识产权保护意识，诚信意识，尊重公民隐私，履行道德准则和行为规范。

课程内容：以三维动画项目制作的主流类型设定学生需完成的综合实训内容：三维室内效果图制作、三维游戏场景制作、三维动画短片制作、建筑漫游效果制作、三维虚拟交互效果制作等。

教学要求：以小组的形式完成项目作品，引导学生确定项目制作类型、提交创意策划文档，完成项目所需的素材收集、制作及后期技术处理等工作，全程以学生实践为主，老师指导为辅进行教学，采用集中讨论、案例分析、头脑风暴、分组实践的方式进行教学；课程采用过程性、终结性考核方式评定成绩。注意培养学生的团队协作精神、沟通交流能力，注意学生的爱岗敬业工作作风引导。

3. 专业综合实训（40 课时）

课程目标：本课程是为了提高学生在数字媒体项目制作中的技能水平，以典型的数字媒体项目制作相关要求引导学生掌握数字媒体相关岗位的工作流程、制作技巧，并提升学生在实际制作中所遇到问题的解决能力。培养学生的团队协作与沟通交流能力，培养学生知识产权保护意识，履行道德准则和行为规范。

课程内容：以数字媒体项目制作的主流类型设定学生需完成的综合实训内容：数字图片处理训练、数字影音作品训练、三维模型效果图训练、网页制作训练。

教学要求：以小组/个人的形式完成项目训练作品，引导学生确定项目制作类型、提交创意策划文档，完成项目所需的素材收集、制作及技术处理等工作，全程以学生实践为主，老师指导为辅进行教学，采用集中讨论、案例分析、头脑风暴、分组实践的方式进行教学；课程采用过程性、终结性考核方式评定成绩。注意学生团队协作精神的培养；注意引导学生爱岗敬业的工作作风，注重学生良好的职业道德和较强的工作责任心的培养。

4. 顶岗实习（624 课时）

课程目标：学生通过数字媒体应用技术专业顶岗实习，了解企业的运作、组织架构、规章制度和企业文化；掌握岗位的典型工作流程、工作内容及核心技能；养成爱岗敬业、精益求精、诚实守信的职业精神，增强学生的就业能力。

课程内容：该阶段学生自主选择进入数字媒体行业相关企业进行岗位技能学习，主要内容以数字图片处理、数字影视制作、网页网站制作、H5 交互动画制作、虚拟现实制作、三维动画制作等相关实际岗位需求的技能知识为主。

教学要求：本课程主要以企业导师为主进行教学实施，学校指导老师以引导和协助为主，学生在此阶段按企业需求参与并完成给出的实际项目，全程接受两方面的考核，企业老师对学生的实际工作能力和技能水平进行过程性考核；在校指导老师对学生在实习期间的学习态度、学习情况和企业反馈数据进行统计并进行评价考核。

5. 毕业设计（作品）答辩（78 课时）

课程目标：通过毕业设计，使学生体会生产、管理流程和各个工作环节的工作任务，合理确定毕业设计的题目，有目的地收集与毕业设计相关的资料，并在指导老师的指导下，完成毕业设计和答辩。实现人才培养目标，培养学生综合运用所学知识和技能去分析与解决实际问题，完成岗位综合能力基本训练，培养学生创新能力和创新精神。

课程内容：根据专业人才培养方案中人才培养目标、主要就业岗位或典型工作任务及其职业能力确定毕业设计的选题范围：平面设计、网页设计、三维动画、数字影音作品、网络动画制作、虚拟现实设计。范围涵盖的主要内容有：包装设计、画册设计、书籍设计、海报设计、界面设计、网页设计制作、三维建筑漫游、MG 动画制作、音乐短片制作、交互演示动画制作、宣传短片制作、H5 作品制作、三维虚拟展示制作、虚拟培训系统、游戏开发。

教学要求：以个人的形式完成毕业设计作品，引导学生确定项目制作类型、提交创意策划文档，完成项目所需的素材收集、制作及后期技术处理等工作，全程以学生实践为主，老师指导为辅进行教学，采用集中讨论、案例分析、头脑风暴的方式进行教学；课程采用过程性、终结性考核方式评定成绩。

七、教学进程总体安排

（一）教学周安排

表 3　数字媒体应用技术专业教学周安排表

学期	课程教学	实训周	入学教育与军训	顶岗实习	毕业设计	复习与考试	教学总结	合计	备注
1	15		3			1	1	20	
2	18					1	1	20	
3	16	2				1	1	20	
4	16	2				1	1	20	
5	13	2			3	1	1	20	
6				24				24	
总计	78	6	3	24	3	5	5	124	

（二）课程教学进程安排表

表 4　数字媒体应用技术专业教学进程表

课程结构	类别	序号	课程名称	课时	学分	课程类型	学时分配		各学期教学周数、周学时数						考核方式
							理论课时	实践课时	1	2	3	4	5	6	
									15＋3	18	18	18	15＋3	24	
公共基础课程	公共必修课程	1	毛泽东思想和中国特色社会主义理论体系概论（060568）	72	4	A	60	12*		4×15W					考试
		2	思想道德修养与法律基础（060603）	54	3	A	48	6*	4×12W						考试

续表1

课程结构	类别	序号	课程名称	课时	学分	课程类型	理论课时	实践课时	1 15+3	2 18	3 18	4 18	5 15+3	6 24	考核方式
公共基础课程	公共必修课程	3	大学体育（090547）	108	6	B	12	96	2×15W	2×18W					考试
		4	大学生心理健康教育（070626）	32	2	A	24	8	2×16W						考试
		5	大学英语A（030554）	124	7	A	124	0	4×15W	4×16W					考试
		6	国防教育（含入学教育与安全教育）（060614）	148	4	B	36	112	3W						考查
		7	创业基础（020656）	32	2	B	20	12*			2				考试
		8	大学生职业发展与就业指导（060619）	32	2	B	20	12*				2			考试
		9	形势与政策（060600）	40	2	B	20	20*	1—5学期开出						考试
		10	劳动实践（040532）	16	1	C	0	16	1—5学期开出						考查
	小计			658	33		364	294							
	公共选修课程	1	汉字应用与普通话（必选）（030592）	36	2	A	36	0		2×18W					考试
		2	阅读与写作（必选）（010645）	36	2	A	36	0		2×18W					考试
		3	公共艺术（限定性选修）（320853）	20	1	A	20	0					2×10W		考查
		4	其他科学领域课程（任选）	20	1	A	20	0			2×10W				考查
	小计			112	6		112	0							
	合计			770	39		476	294	12	12	6	4			

表5　数字媒体应用技术专业教学进程表（续）

课程结构	类别	序号	课程名称	课时	学分	课程类型	理论课时	实践课时	1 15+3	2 18	3 18	4 18	5 15+3	6 24	考核方式
专业课程	专业基础课程	1	新媒体技术基础（045051）（必选）	30	2	B	15	15	2×15W						考试
		2	计算机应用基础（044975）（必选）	32	2	B	16	16	4×8w						考试

续表

课程结构	类别	序号	课程名称	课时	学分	课程类型	理论课时	实践课时	1 15+3	2 18	3 18	4 18	5 15+3	6 24	考核方式
专业课程	专业基础课程	3	计算机应用数学（045087）（必选）	60	4	A	60		4						考试
		4	素描与色彩（045090）	60	4	B	30	30	4						考试
		5	设计构成（044851）	72	5	B	36	36		4					考试
		6	图形图像处理（044978）	72	5	B	36	36		4					考试
		7	面向对象程序设计（045175）	64	4	B	32	32			4				考试
		8	网页设计制作（045077）	72	5	B	36	36		4					以证代考
			小计	462	31		261	201	14	12	4				
	专业核心课程	1	用户界面设计（045196）	52	3	B	26	26					4		考试
		2	网络动画设计（044855）	72	4	B	36	36		4					考试
		3	三维动画设计（044857）	64	4	B	32	32			4				以证代考
		4	虚拟现实应用开发（045197）	64	4	B	32	32				4			以证代考
		5	数字影视特效（044830）	64	4	B	32	32				4			考试
		6	数字影音编辑（045073）	52	3	B	26	26					4		考试
			小计	368	23		184	184		4	4	8	8		
	专业拓展课程	1	摄影摄像技术（044831）（选修）	64	4	B	32	32				4			考试
		2	三维渲染设计（044858）（选修）	64	4	B	32	32				4			考试
		3	信息版式设计（045010）	64	4	B	32	32			4				考试
		4	新媒体应用开发（045075）	78	5	C		78					6		考查
		5	数字音频编辑（044829）	32	2	B	16	16		2					考试
			小计	302	19		112	190			6	8	6		
		1	数字图像编辑综合实训（2W）（044866）	40	3	C		40		2W					考查
		2	三维设计综合实训（2W）（045021）	40	3	C		40				2W			考查
		3	专业综合实训（045198）	40	3	C		40					2W		考查
		4	顶岗实习（000091）	624	24	C		624						半年	考查
		5	毕业设计（作品）答辩（000125）	78	3	C		78					3W		考查
			小计	822	36			822							
			合计	1954	109		557	1397	14	16	16	18	18		
			总　计	2724	148		1033	1691	26	28	22	22	18		

注：（1）课程类型按三种划分：A理论型；B理论＋实践型；C实践型；
　　（2）考核方式为：考试、考查、以证代考等。其中，考试的形式可根据课程的性质，确定为口试、笔试（闭卷、开卷）、技能考试等；考查的形式主要为作品评价、项目实施评价、操作技能评价等方式。

（三）课时与学分结构分析

表6　数字媒体应用技术专业课时与学分结构比率表

类型	课程门数	学时	学分	占总课时比率	占总学分比率	占专业课程总课时比率	占专业课程总学分比率
公共基础课程	14	770	39	28.27%	26.35%	—	—
专业课程	24	1954	109	71.73%	73.65%	—	—
选修课程	9	362	22	13.29%	14.86%	—	—
A类课程	9	454	26	16.67%	17.57%	—	—
B类课程	22	1354	80	49.71%	54.05%	—	—
C类课程	7	916	42	33.63%	28.38%	—	—
所有课程中实践性教学部分	—	1691	90	62.08%	60.81%	—	—
专业课程中的实践性教学部分	—	1397	72	51.28%	48.65%	71.49%	66.06%

注：1. 总课时（学分）＝公共课程课时（学分）＋专业课程课时（学分）；
　　2. 凡是画"—"处，表示不需要计算；
　　3. 专业课程中的实践性教学，指除公共课程外的专业课程中，B类课程的实践部分与C类课程。其中，B类课程的实践部分学分按比率兑换；
　　4. 以上比率均为百分比；
　　5. 选修课门数（学时学分）为公共选修课＋专业选修课两者之和。其中，专业选修课门数（学时学分）为教学进程表中实际开课课程门数（学时学分）之和，即一组课程为一门课程计。

八、实施保障

（一）师资队伍

1. 队伍结构

生师比不超过18∶1，双师素质教师占专业教师比例一般不低于60%，专业教师队伍要考虑职称、年龄、形成合理的梯队结构。

2. 专任教师

专任教师应具有高校教师资格；有理想青年、有道德情操、有扎实学识、有仁爱之心；具有数字媒体相关专业本科及以上学历；具有扎实的本专业相关理论功底和实践能力；具有较强信息化教学能力，能够开展课堂教学改革和科学研究；有每 5 年累计不少于 6 个月的企业实践经历。

3. 专业带头人

专业带头人原则上应具有副高及以上职称，能够较好地把握国内外相关行业、专业发展，能广泛联系行业企业，了解行业企业对本专业人才地需求实际，教学设计、专业研究能力强，组织开展教科研工作能力强，在本区域或本领域具有一定的专业影响力。

4. 兼职教师

兼职教师主要从本专业相关行业企业聘任，具备良好的思想政治素质、职业道德和工匠精神，具有扎实的专业知识和丰富的实际工作经验，具有中级及以上相关专业职称，能承担专业课程教学、实习实训指导和学生职业发展规划指导等教学任务。

（二）教学设施

1. 教室条件

专业教室一般配备黑（白）板、多媒体计算机、投影设备、音响设备，互联网接入或 WIFI 环境，并实施网络安全防护措施；安装应急照明装置并保持良好状态，符合紧急疏散要求，标志明显，保持逃生通道畅通无阻。

2. 校内实训条件

数字媒体实训室（S403）、网站开发实训室（S404）和虚拟现实实训室（S406）将可同时容纳 168 名学生进行实训，配备适用于教学活动的计算机、投影、教学白板、音响设备，安装图形图像处理、三维动画制作、非线性编辑、AR/VR 应用开发软件等相关软件；用于本专业课程的教学和实训，包括数字媒体应用基础、数字图像编辑、版式信息设计、三维动画设计、三维渲染设计、虚拟现实设计、数字影视特效、数字音频编辑、数字影音编辑、数字媒体综合实训、网页设计、网络动画设计、三维设计综合实训、数字影视综合实训、数字图像编辑综合实训、毕业设计等课程。具体如表 7 所示：

表 7 校内实训室条件表

序号	实训室名称	主要实训项目	对应课程	面积/m²	工位数	主要设备	数量
1	数字媒体实训室（S403）	数字媒体产品设计、多媒体素材加工、数字媒体产品后期制作合成、三维动画制作、交互视频编辑、数字音频技术、流媒体作品合成技术训练等。	数字音频编辑、数字影视特效、数字影音编辑、专业综合实训、新媒体应用开发。	150	56	计算机	57 台
						图形工作站	1 台
						平板扫描仪	1 台
						光盘拷贝机	1 台
						光盘打印机	1 台

续表 1

序号	实训室名称	主要实训项目	对应课程	面积/m²	工位数	主要设备	数量
1	数字媒体实训室（S403）	数字媒体产品设计、多媒体素材加工、数字媒体产品后期制作合成、三维动画制作、交互视频编辑、数字音频技术、流媒体作品合成技术训练等。	数字音频编辑、数字影视特效、数字影音编辑、专业综合实训、新媒体应用开发。	150	56	视频素材采集机	1 台
						投影幕布	1 台
						可移动投影机	1 台
						手绘板	60 块
						图像采集机	1 台
						三脚架	1 个
						三维全景鱼眼镜头	1 个
						长焦镜头	1 个
						电视机	1 台
						投影仪	1 台
						功放、音响、话筒	1 套
						电子白板	1 个
2	网站开发实训室（S404）	融媒体交互产品开发实训。	用户界面设计、网络动画设计、面向对象程序设计、网页设计制作、图形图像处理、设计构成、数字图像编辑综合实训。	150	56	计算机	56 台
						图形工作站	1 台
						投影仪	1 台
						功放、音响、话筒	1 套
						手写板	57 块
						电子白板	1 个
3	虚拟现实实训室（S406）	三维场景建模、场景效果设计、交互程序设计、虚拟现实合成训练等。	三维动画设计、三维渲染设计、虚拟现实应用开发、三维综合实训。	120	56	计算机	56 台
						图形工作站	1 台
						VR 设计工作站	15 台
						交互式 HMD 套件	3 套
						便携式 VR 眼镜	10 个
						VR 虚拟现实套件	1 套
						全景拍摄相机	9 台
						VR 全景无人机套件	1 套
						全景相机配套三脚架	1 个 0

续表 2

序号	实训室名称	主要实训项目	对应课程	面积/m²	工位数	主要设备	数量
3	虚拟现实实训室（S406）	三维场景建模、场景效果设计、交互程序设计、虚拟现实合成训练等。	三维动画设计、三维渲染设计、虚拟现实应用开发、三维综合实训。	120	56	背景布及支架	1个
						拍摄三脚架	1个
						全景拍摄云台	1台
						全景视频摄像机	1台
						摄影灯	1台
						佳能数码相机	3台
						佳能镜头	1个
						亿林电子白板	1个
						投影仪	1台
						功放、音响、话筒	1套

3. 校外实训基地

表 8　校外实训基地基本情况表

序号	实训基地名称	基本条件与要求	实训内容	备注
1	湖南潭州教育网络科技有限公司	能够开展数字媒体应用技术相关实训活动；实训设施齐备，实训岗位、实训指导教师确定，实训管理及实施规章制度齐全。	数字媒体项目策划、运营、数字媒体内容生产相关实训。	
2	乐田智作	能够开展数字影视制作、图形图像处理技术相关实训活动；实训设施齐备，实训岗位、实训指导教师确定，实训管理及实施规章制度齐全。	数字影音后期、数字平面处理项目相关内容实训。	

（三）教学资源

1. 本专业教材规划的制订原则是：坚持改革，紧靠专业；扩大品种，保证质量；开拓自编，严格审定；统筹安排，择优录用。尽可能选用高职高专规划教材，按照获奖、推荐、规划、重点出版社的次序选用合适的教材，经学院立项批准的自编教材可优先使用。

本专业自编国家"十二五"规划教材和"十三五"规划教材三本，如《数字图像编辑制作》《数字影视特效制作》《网络动画设计与制作》，自编行业领域专业指导教材一本《三维场景设计与制作》。

2. 在学院的图书馆，典藏了与本专业相关的专业图书达到上万本；数字图书阅览室里收藏了全世界数字媒体项目经典案例。

3. 本专业已建设完成了校级专业教学资源库，其中仅提供下载资源含量四千多条；建设校内慕课七门，其中涵盖了两门专业基础课、三门专业核心和两门专业综合实训课程的教学资源，提供并支持在校学生的线上学习。校级专业资源库网址为：http：//dzcm.zyk2.chaoxing.com/index？staid＝4302。

4. 本专业正在参与建设国家级教学资源库（虚拟现实应用技术专业）的课程建设，主持建设六门专业课程，分别是数字图形图像处理、UI 设计与制作、虚拟现实应用开发、三维模型实训、Unitiy3d 游戏开发、VR 视频特效，目前数字图形图像处理、UI 设计与制作、VR 视频特效已经在智慧职教上正常提供教学资源服务与教学活动支持。

（四）教学方法

1. 工作流程体验教学法，在教学过程中，每个学习情境都设计为一个相对独立的子项目，每个教学单元都安排了一组关系紧密并与其他教学单元任务相对独立的工作任务。要求安全资讯—决策—计划—实施—测试—提交这六个步骤来完成学习单元的任务，从而逐渐熟悉完成任务的工作流程。

2. 分阶段逐级递进教学法，根据教学内容的不同，有部分内容采取以教师讲解和演示，学生模仿和操作为主，培养学生工作规范性和技术执行能力。部分内容采取以教师引导和启发、学生探究和应用为主，培养学生思考问题、初步解决问题的能力。还有部分内容以学生自主学习为主，教师监控和评价为辅相结合。通过将整个教学过程划分为三个不同的阶段，并在不同阶段采取不同的教学方法，实现学生自主学习能力逐步提升的目的。

3. 故障排除教学法。学生普遍任务专业课程原理比较枯燥，不容易掌握，而且学生对专业课程原理的重要性认识不足，为了让学生意识到专业课程原理的重要性并且能较快掌握原理，引入故障排除教学法。

课程的评价采取过程性和终结性评价相结合的方式，并辅以比赛作品及认证考核的评价办法，以考核学生的知识、技能和综合素质三方面为目标。考核的方式主要有技术文档撰写、思路展示、项目答辩、笔试、技能测试等。

教学组织形式。教学组织形式灵活多样，理论课程以班级授课为主，项目课程采取分段教学的组织形式，并以数字媒体作品制作项目组为单位进行分组教学。在三年的学习过程中，依托 3D 工场校内外实习实训基地，通过产学结合、工学交替、顶岗实习实现三年不断线的工学结合。如图 2 所示，共分为五个阶段：

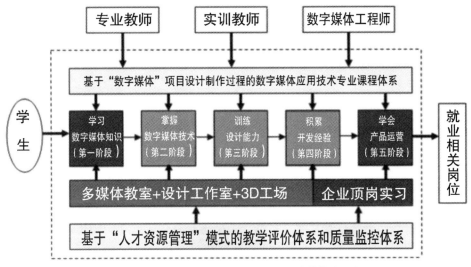

图 2 "3D 工场＋数字媒体项目"人才培养模式运行图

第一阶段在第 1、2 学期，在校内多媒体教室学习，主要进行职业素养的培养和数字媒体技术基础知识的学习，培养学生的艺术素养、设计感，形成数字媒体设计制作的艺术与技术基础，并安排企业参观，形成数字媒体产品设计工作过程的提前感知；

第二阶段在第 2、3 学期，在"3D 工场"校内实训室学习，学习数字媒体制作软件技术，培养学生的数字媒体软件使用能力，形成数字媒体设计制作的技术基础，完成"职业基本能力"的培养；

第三阶段在第 3、4 学期，在"3D 工场"校内实训室学习和实训，学习技术和艺术的结合，进行课程仿真项目的设计制作，训练数字媒体作品设计能力，完成"职业核心能力"培养；

第四阶段在第 5 学期，在"3D 工场"校内数字媒体产品设计制作生产线和设计工作室，学生在"3D 工场"数字媒体产品设计制作生产线和合作企业进行真实项目的开发，积累开发经验；

第五阶段在第 6 学期，学生 100％进入企业顶岗实习，在数字媒体工程师带领下亲历项目产品的策划、开发和运营全过程，形成"顶岗工作能力"，完成人才培养。

（五）教学评价

建立多元化教学评价机制，即评价标准、评价主体、评价方式、评价过程的多元化，如观察、答辩、笔试、实训操作、职业技能大赛、创新创业大赛、职业资格鉴定等评价、评定方式。

1. 对教师的评价

建立多元化教学评价机制，把师德师风、教学质量、教育教学研究与社会服务作为评价的核心指标，采用由企业专家、学生、专业教研室、二级学院、学校教务处、学校督导等六方独立测评的方式评价课堂教学质量，从不同的观测维度评价教师的教学准备、教学实施、教学能力和教学效果。专业教学质量评价结果作为年度考核、绩效考核和专业技术职务晋升的重要依据。

2. 对学生的评价

按照"职业能力为主、知识为辅，过程为主、结果为辅"的原则，结合岗位职业能力考核标准，构建以职业能力为核心，以过程考核为重点的考核评价方式，从知识考核、专业技能考核、情感认知等方面对学生进行多元化考核评价，突出考核的多样性和针对性，逐步使学生具备相应的知识结构、操作技能和情感认知，实现对学生学习过程的跟踪和全面评价。

由学生、家长、教师、学校、企业组成多方评价主体，采取学生自评、学生互评、教师评价、家长评价、企业社会评价等多元评价方式，通过观察、口试、笔试、顶岗操作、职业技能大赛、职业资格鉴定等评价、评定方式，参照文案策划、活动策划、新媒体运营、企宣人员、文化项目专员等岗位责任与上岗标准进行考评，重点评价学生的学习态度、考勤情况、作业成绩、作品成果等情况。

考试课程的考试一般采用闭卷笔试、随堂考试等方法，也可采用开卷、过程考核、作业、实训作品等多种方式进行。成绩评定应包括课程期末考试成绩和平时成绩、过程考核成绩，其中，过程考核成绩占比为30％～40％。考查课程的考核应采取灵活多样的方式进行，其成绩根据学生平时提问、作业、测验、随堂考查、实验实训、实际操作及完成项目、完成真实任务等成绩综合评定。

（六）质量管理

1. 建立专业建设和教学质量诊断与改进机制，健全专业教学质量监控管理制度，落实教育厅对专业办学水平合格性评价、专业技能考核标准评价、专业技能抽查和毕业设计抽查等工作部署，完善课堂教学、教学评价、实习实训、毕业设计以及专业调研、人才培养方案更新、资源建设等方面质量标准建设，通过教学实施、过程监控、质量评价和持续改进，达成人才培养规格。

2. 学校和二级院系应完善教学管理机制，加强日常教学组织运行于管理，定期开展课程建设水平和教学质量诊断于改进，建立健全巡课、听课、评教、评学等制度，建立与企业联动的实践教学环节监督制度，严明教学纪律，强化教学组织功能，定期开展公开课、示范课等教研活动。

3. 学校应建立毕业生跟踪反馈机制及社会评价机制，并对生源情况、在校生学业水平、毕业生就业情况等进行分析，定期评价人才培养质量和培养目标达成情况。

4. 专业教研组织应充分利用评价分析结果有效改进专业教学，持续提高人才培养质量。

九、毕业要求

1. 学生思想品德良好；

2. 参加规定课程学习成绩全部合格，修满不少于 148 学分。参加英语应用考试、计算机应用能力考试和普通话水平测试并获得证书，可以直接取得英语、计算机及普通话课程的学分；

3. 取得国家认定的"1＋X"职业技能等级证，可替代相应课程的考核，直接取得学分，具体情况如表 9 所示。

表 9　职业技能等级证替代课程表

序号	职业技能等级证			替代课程
	名称	等级	颁证单位	
1	计算机技术与软件技术资格（水平）考试（网页制作员）	初级	中华人民共和国人力资源和社会保障部、工业和信息化部	网页设计制作
2	虚拟现实应用开发职业技能等级证书	初级	中华人民共和国人力资源和社会保障部、工业和信息化部	三维动画设计
3	虚拟现实应用开发职业技能等级证书	中级	中华人民共和国人力资源和社会保障部、工业和信息化部	虚拟现实应用开发

十、继续专业学习深造建议

在教育部实行的《国家中长期教育改革和发展规划纲要（2010—2020年）》公开征求意见新闻发布会上，针对大众关心的职业院校学生毕业后继续学习的问题，教育部高等教育司副司长刘桔说，职校毕业生继续学习可通过两个途径。一是在职继续学习，二是直接升学。

1. 在职继续学习。我院数字媒体应用技术专业毕业生可通过电大、函授、夜大、现代远程教育以及在职培训等，接受学历教育和非学历的职业教育培训。

2. 直接升学。专业毕业生在毕业后，可以对口升学，通过"专升本"升学桥梁提高自己的学历。

十一、专业推荐阅读书目

表 10 专业学习推荐书单

书目	作者	出版社	出版日期
虚拟现实与交互设计	郭宇承，谷学静，石琳	武汉大学出版社	2015.7
虚拟现实——从阿凡达到永生	［美］吉姆·布拉斯科维奇等著；辛江译	科学出版社	2016.1
三维场景设计与制作	张敬、谌宝业	清华大学出版社	2017.1
新媒体艺术设计——数字·视觉·互联	刘立伟	化学工业出版社	2016.8
HTML5＋CSS3 项目开发实战	王庆桦	电子工业出版社	2017.2
HTML5 基础知识．核心技术与前沿案例	刘欢	人民邮电出版社出版	2016.10
版式设计	张志颖	化学工业出版社	2016.1

十二、附录

表 11 近 3 年课程建设情况一览表

项目 ＼ 年份	2018 年（课程数）	2019 年（课程数）	2020 年（课程数）	说明
专业课程门数（不含公共课程）	24	24	24	
其中：专业基础课程	9	9	8	按照国标要求将数字音频编辑课程归属到专业拓展课； 程序设计更名为面向对象程序设计
专业核心课程	6	6	6	数字图像编辑课程按国标要求更名为：图形图像处理，并归属于专业基础课程； 数字媒体交互视觉设计改名为用户界面设计课程，并归属到核心课程； 虚拟现实设计更名为：虚拟现实应用开发
专业拓展课程	4	4	5	按照国标要求，将信息版式设计归属到专业拓展课程。
实习实训与毕业设计	5	5	5	

续表

项目 \ 年份	2018 年（课程数）	2019 年（课程数）	2020 年（课程数）	说明
2.公共课程门数	14	14	14	
3.本专业的课程总门数（专业课程与公共课程合计）	38	38	38	

注：主要针对上一年度人才培养方案中课程的门数，对专业课程的增减进行说明。

第二部分

专业核心课程标准

"三维动画设计"课程标准

课程名称：三维动画设计
课程代码：044857
课程类型：专业核心课程
开课时间：第 3 学期
适用专业：数字媒体应用技术专业
学　　时：64 学时（理论课学时数：32 学时，实践课学时数：32 学时）
学　　分：4 学分

一、课程概述

（一）课程的性质

"三维动画设计"课程是数字媒体应用技术专业的核心课程，计划学时64，该门课程为学生将来从事三维动画、影视广告、游戏、虚拟现实领域等岗位工作提供知识与技能支撑。通过三维模型创建、材质灯光调整与动画制作的学习，掌握三维模型的制作流程、模型材质以及动画的制作技巧，使学生具备三维模型创建和动画设计制作能力。该课程的先修课程为"图形图像处理"、"网络动画设计"等，同修课程为"信息版式设计"、"程序设计基础"等；课程对后续"三维设计综合实训"、"虚拟现实应用开发"、"数字影视特效"课程奠定理论与实践基础，为今后继续学习其他专业课程和深入应用奠定基础，课程对学生职业能力培养和职业素养提升要起主要支撑作用。

本课程是"以证代考"的课程，学生也可以通过考取中华人民共和国人力资源和社会保障部、工业和信息化部所颁发1＋X证书"虚拟现实应用开发职业技能等级证书（初级）"代替修满该门课程学分。

（二）课程设计思路

本课程主要培养三维设计制作人才，面向三维制作领域的三维建模师、三维渲染师、三维动画设计师等岗位需求。课程设计在理念上主要注重了以下几点：以职业技能培养为核心，强调以学生为主体，理论和实践一体化。根据职业岗位能力要求，明确本课程所要达到的知识目标、能力目标和素质目标。围绕三大目标精心设计教学主导项目和拓展实训项目。主导项目充分体现"理论实践一体化"的指导思想，以教师演示讲解，学生实训演练为主，主导项目的重点是对知识技能的熟悉和理解。通过本课程的学习，培养学生的艺术感、空间感和运动感，掌握各类型三维建模与动画制作的思路方法以及各环节的基本技能，使学生能够根据三维设计制作方案，应用三维软件进行一般模型的制作，常见贴图与材质的设置与制作、基础动画的制作等，独立完成三维场景以及三维动画短片的设计制作，具有使用计算机 3D 技术解决如广告展示、建筑装潢、影视包装、游戏、虚拟显示等领域实际应用问题的策划、设计、动手能力。

二、课程培养目标

（一）总体目标

本课程是典型的工学结合课程，课程的培养目标是实现学生三维设计制作技能，要达到这个目标，必须深入企业进行调查，全面了解用人单位对三维设计制作人才实践能力的要求、不同领域三维内容制作的实际工作流程和细节，以及三维动画设计的发展趋势，然后挑选真实的企业工作项目作为"三维动画设计"课程的教学项目，根据实际工作流程来划分教学任务，建立"以企业为基础""工作项目为导向""任务驱动教学"的教学体系，以能力的培养为重点，以就业为导向，培养学生具备职业岗位所需的职业能力、职业生涯发展所需的能力和终身学习的能力，实现一站式教学理念，最终能够符合三维动画、影视广告、游戏制作、虚拟现实等企业的岗位需求。

（二）具体目标

1. 知识目标

（1）了解三维动画的制作流程。

（2）掌握三维动画设计与制作的基本理论知识。

（3）熟悉三维制作软件的使用。

（4）掌握样条线建模的技术方法。

（5）掌握多边形建模的技术方法。

（6）掌握基本的材质系统。

（7）掌握三维制作软件的灯光与渲染系统。

（8）掌握动画的基本运动规律。

（9）掌握关键帧动画制作的技术方法。

（10）掌握常用三维动画模块制作动画的技术方法。

2. 能力目标

（1）通过建模基础相关案例的学习，学生能运用几何体建模、样条线建模、复合建模和多边形建模的思路方法，来完成单个物体、场景等三维模型的设计与制作。

（2）通过材质调节的相关案例学习，学生能运用材质的原理及调节方法结合场景布光技法，独立完成三维场景中材质灯光的调节与渲染输出。

（3）通过动画运动规律、关键帧动画技术的学习，学生能运用关键帧动画原理进行模型动画、摄像机动画的设计与制作。

（4）通过三维高级动画技术的相关案例学习，学生能运用动画理论知识和动力学系统、运动图形系统等三维软件常用动画模块进行较复杂动画的设计与制作。

（5）根据综合案例项目实践，学生能运用之前所学的数字图片编辑、设计构成、信息版式设计、网络动画制作的知识与三维动画设计相结合，完成三维场景及动画短片的制作。

3. 素质目标

（1）树立端正的学习态度，掌握良好的学习方法，培养良好的自学能力；

（2）培养学生求真务实、严谨、规范的工作作风和职业思想意识；

（3）培养学生不怕困难，勇于攻克难关，自强不息的优良品质；

（4）培养学生的创意创新意识，提升团队协作能力；

（5）提高学生的职业素养，发掘学生自主学习、创造性劳动、自我拓展的品质，提高社会适应能力。

三、课程教学内容

根据三维动画制作职业需求和"三维动画设计"课程总体目标的要求，本标准将课程内容以一个完整三维动画的设计与制作为主线，根据三维动画的制作需求层层递进，分为了认识三维动画、三维软件基础、三维模型制作、材质灯光设定、动画设计与制作、渲染输出、综合项目开发七个大的学习任务。学习任务（项目）描述、内容排序、要求及学时分配如表 12 所示。

四、课程实施建议

（一）教材的选用及编写建议

陈逸怀，谷思思，詹青龙，侯文雄，佘为，《三维动画设计与制作》（第 2版），清华大学出版社，2018 年 2 月。

表12 "三维动画设计"课程教学内容设计表

序号	学习任务	子任务	教学内容	课时数（理论/实践）	教学要求（知识点、能力点、素质点）	教学方式（教学方法、教学手段）	教学场地
1	认识三维动画	三维动画概述；	1. 三维动画的相关概念、制作原理与流程； 2. 三维软件特点及应用领域案例展示、发展趋势； 3. 优秀案例分析。	2（1/1）	1. 了解三维动画的相关概念与三维技术原理； 2. 了解三维软件的应用领域与专业发展； 3. 熟悉三维动画的制作原理与流程。	教学方法：板书与多媒体教学结合，项目案例与理论结合，线上视频案例＋线下面授精讲多练与讨论结合的方法。 媒介资源：教材、教案、多媒体视频。	理实一体教室、校内实训基地、网络教学平台。
		三维动画制作软件界面介绍	1. 软件工作界面与基本操作、初始化设置、视图配置、坐标系统和视图； 2. 对象的创建、选择与变换操作（如缩放、旋转、移动、复制等）； 3. 入门小实例。	2（1/1）	1. 了解目前主流三维软件的功能特点，掌握各种软件之间的区别； 2. 掌握软件的安装，了解软件的界面布局及基本操作技巧。	教学方法：板书与多媒体教学结合，项目案例与理论结合，线上视频案例＋线下面授精讲多练与讨论结合的方法。 媒介资源：教材、教案、多媒体视频。	理实一体教室、校内实训基地、网络教学平台。
2	建模基础	样条线建模	1. 二维图形的创建和编辑； 2. 可编辑样条线转换与编辑； 3. 二维转三维的应用。	4（2/2）	1. 掌握创建二维图形的命令和方法； 2. 理解顶点的类型； 3. 掌握可编辑样条线的点、线、面三个子对象级别中常用的修改命令； 4. 掌握常用二维转三维的工具。	教学方法：板书与多媒体教学结合，项目案例与理论结合，线上视频案例＋线下面授精讲结合，实践操作与小组讨论结合，采用案例教学法、小组讨论法、讲授法相结合。 媒介资源：教材、教案、多媒体视频。	理实一体教室、校内实训基地、网络教学平台。

续表1

序号	学习任务	子任务	教学内容	课时数（理论/实践）	教学要求（知识点、能力点、素质点）	教学方式（教学方法、教学手段）	教学场地
2	建模基础	修改建模	常用三维模型修改器修改模型与案例。	8（4/4）	知识目标：1. 理解修改器面板结构与操作；2. 掌握三维模型辅助及修改器命令建模；3. 熟悉三维模型修改器命令进行模型修改的方法。	教学方法：板书与多媒体教学结合，项目案例与理论结合，线上视频案例＋线下面授精讲结合，实践操作与小组讨论结合，采用案例教学法、小组讨论法、讲授法相结合。媒介资源：教材、教案、多媒体视频。	理实一体教室、校内实训基地、网络教学平台。
		复合几何体建模	常用复合对象命令——布尔、放样、对象合并原理及应用。	4（2/2）	1. 理解复合几何体建模的思路与方法；2. 掌握"复合对象"对象的特点和作用；3. 理解并运用常用复合对象命令操作。	教学方法：板书与多媒体教学结合，项目案例与理论结合，线上视频案例＋线下面授精讲结合，实践操作与小组讨论结合，采用案例教学法、小组讨论法、讲授法相结合。媒介资源：教材、教案、多媒体视频。	理实一体教室、校内实训基地、网络教学平台。
		多边形建模	1. 多边形建模的原理和布线规范；2. 可编辑多边形的转化与层级操作、子对象编辑；3. 多边形建模的综合应用。	12（6/6）	1. 掌握编辑多边形的基础知识与建模思路；2. 掌握可编辑多边形的层级操作与子对象编辑；3. 熟悉编辑多边形的特殊功能。	教学方法：板书与多媒体教学结合，项目案例与理论结合，线上视频案例＋线下面授精讲结合，实践操作与小组讨论结合，采用案例教学法、小组讨论法、讲授法相结合。媒介资源：教材、教案、多媒体视频。	理实一体教室、校内实训基地、网络教学平台。

续表 2

序号	学习任务	子任务	教学内容	课时数（理论/实践）	教学要求（知识点、能力点、素质点）	教学方式（教学方法、教学手段）	教学场地
3	材质及灯光	常用材质调节	1. 材质的创建与编辑； 2. 材质、贴图以及材质原理及基础知识； 3. 常用材质的调节。	4（2/2）	知识目标： 1. 了解材质、贴图，以及材质原理及基础知识； 2. 掌握材质编辑器的操作； 3. 掌握常用材质的调节； 4. 了解材质、贴图、UV 的关系。	教学方法：板书与多媒体教学结合，项目案例与理论结合，线上视频案例＋线下面授精讲结合，实践操作与小组讨论结合，采用案例教学法、小组讨论法、讲授法相结合。 媒介资源：教材、教案、多媒体视频。	理实一体教室、校内实训基地、网络教学平台。
		三维场景项目制作	1. 灯光基础及三点布光； 2. 三维场景材质灯光调整。	4（2/2）	1. 掌握灯光的设置与场景布光； 2. 掌握场景中材质与灯光的相互影响与配合； 3. 掌握三维场景的渲染与输出。	教学方法：板书与多媒体教学结合，项目案例与理论结合，线上视频案例＋线下面授精讲结合，实践操作与小组讨论结合，采用案例教学法、小组讨论法、讲授法相结合。 媒介资源：教材、教案、多媒体视频。	理实一体教室、校内实训基地、网络教学平台。
4	动画制作	关键帧动画的创建与制作	1. 三维动画的制作流程与基本运动规律； 2. 三维软件制作关键帧动画、路径动画； 3. 动画的预览与输出。	4（2/2）	1. 熟悉三维动画的制作流程； 2. 掌握三维软件制作关键帧动画、路径动画、摄像机动画的技巧与方法。	教学方法：板书与多媒体教学结合，项目案例与理论结合，线上视频案例＋线下面授精讲多练与讨论结合的方法。 媒介资源：教材、教案、多媒体视频。	理实一体教室、校内实训基地、网络教学平台。

续表3

序号	学习任务	子任务	教学内容	课时数（理论/实践）	教学要求（知识点、能力点、素质点）	教学方式（教学方法、教学手段）	教学场地
4	动画制作	三维动态场景项目设计与制作	1. 项目分析； 2. 场景搭建； 3. 材质灯光调节； 4. 模型动画设计与制作； 5. 渲染输出与后期合成。	8（4/4）	1. 掌握运用建模、材质、灯光、基础动画、后期合成知识制作三维动态场景作品； 2. 能将艺术设计、创意与三维技术结合进行三维场景与场景动画的创作。	教学方法：板书与多媒体教学结合，项目案例与理论结合，线上视频案例＋线下面授精讲结合，实践操作与小组讨论结合，采用案例教学法、小组讨论法、讲授法相结合。 媒介资源：教材、教案、多媒体视频。	理实一体教室、校内实训基地、网络教学平台。
5	三维动画综合项目制作	三维影视广告设计与制作	1. 项目分析； 2. 场景搭建； 3. 材质灯光调节； 4. 动画设计与制作；（动力学动画、运动图形动画）； 5. 渲染输出与后期合成。	12（6/6）	1. 掌握综合运用建模、材质、灯光、动画、后期合成等知识制作三维影视广告作品； 2. 掌握动力学、运动图形动画模块的使用。	教学方法：采用案例教学法、任务驱动法、自主探究学习法、小组讨论法相结合。 媒介资源：教材、教案、多媒体视频。	理实一体教室、校内实训基地、网络教学平台。

　　教材体现了任务驱动、实践导向的课程设计思想。教材编写符合本课程标准，以项目为载体实施教学，项目选取要科学，符贯通理论和实践、设计和制作，让学生在完成项目过程中逐步提高职业能力，教材内容要有反映新技术、新工艺的文字表述。

　　本课程的教材还可选用近五年出版的全国优秀的高职高专教材，建议选用与企业合作编写的基于工作过程的教材，选取可参照以下要求：

　　1）依据本课程所制定的"课程内容和要求"选取教材；

　　2）教材应充分体现任务引领，引入必须的理论知识，增加实践操作内容，强调理论在实践过程中的应用；

　　3）教材应该图文并茂，提高学生的学习兴趣；

4) 教材内容的组织应以任务组织，项目驱动的原则，随同教材配备电子教案，多媒体教学课件和多媒体素材库等，便于组织教学。

（二）教学参考书推荐建议

1. 邓飞，甘百强，张雪松，《三维动画建模基础》，华中科技大学出版社，2019 年 4 月。

2. 李梁，杨桂民，李淑婷.《3ds Max 游戏美术设计与制作技法精讲》（第 2 版），人民邮电出版社，2019 年 4 月。

3. 王靖，《CINEMA 4D 电商设计基础与实战（全视频微课版）》，人民邮电出版社，2019 年 11 月。

4.《新印象 CINEMA 4D R19 建模/灯光/材质/渲染技术精粹与应用》，人民邮电出版社，2019 年 8 月。

（三）主要教学方法与手段建议

1. 教学方法

（1）基础和综合型实训项目，在分阶段项目的完成过程采取"任务驱动、行动导向"为主，配合案例教学、讨论教学等教学方法。

分阶段实训主要在课堂教学中完成，需要学生根据三维动画制作的环节从易到难全面掌握制作三维动画设计与制作的方法和技能。通过"告知（教学内容、目的）→引入（任务项目）→操练（掌握初步或基本能力）→深化（加深对基本能力的体会）→归纳（知识和能力）→训练（巩固拓展检验）→总结"的过程来提高教学效果。在这个过程中，培养了学生独立解决实际问题的能力、信息搜索和分析能力。

（2）拓展型项目采取"任务驱动、行为导向"教学方法为主，配合小组讨论、探究式教学、作品演示等教学方法。

拓展型项目的完成主要在课后。由教师提出任务，学生通过课堂的学习在课后制作出相应的作品。此任务模仿了三维场景建模、材质灯光渲染及动画输出的全过程，大致分为"选题→分组→搜索信息→分析信息→作品制作→答辩→评分"这七个阶段。首先由教师提出动画任务，然后学生分成小组通过课堂的学习和老师的指导来完成任务，教师在每周都必须检查任务进度，并在作品完成后组织作品展示会，进行点评和指导。学生在这个任务的完成过程中不仅能提高三维动画开发技术还能提高学习能力、解决问题的能力、团队协作的能力。拓展型项目主要是在实训中完成，由教师提出任务或者学生自拟三维动画主题。先将学生分组，以团队的形式去寻求解决方案。通过此教学过程使学生不仅可以提高三维动画制作技术，更能培养职业素质。本课程应将任务驱动的混合式教学模式和基于互联网络资源的开放式自主学习有效结合起来，采用项目导向、任务驱动的教学方法和多个教学方法相结合，把每次课需要掌握的知识点和技能点全部穿插到实际制作中，使学生具备三维动画设计与制作专业人才岗位所需的能力要求。

2. 教学手段

"三维动画设计"课程通过课堂多媒体教学、课后视频指导、教学平台辅助混合式教学，多种教学手段相结合的方法，提高学生的职业能力和素养。

（1）课堂利用多媒体教学

"三维动画设计"是一门理论实践一体化的课程，在教学活动中，教师是教学活动的指导者、组织者、监督者，学生是主动的学习者、探索者，媒体将成为学生手中的认知工具，教学过程中将利用教学资源创设教学情境，通过演示展示操作辅助对于理论的理解，开展以学生为中心的启发式或协商讨论式教学，使学生在双向互动的教学环境中掌握理论知识和技能。

（2）教学平台辅助教学

课程实践案例较多，部分学生难以在课堂内全部消化掌握课堂知识，因此必要的教学资源支持能帮助学生巩固学习。本门课程应采用智慧职教或者超星等教学平台辅助教学。课前：发布讨论、预习材料、课前测验等方式帮助学生预习课程内容，回顾上次课重点；课中：签到、发布教学 PPT、教学视频、互动活动等方式促进课堂互动；课后：通过作业、测试等方式检测教学效果，采用视频帮助学生学习。通过在教学平台上合理安排平时、作业等的分数比例，通过监控数据检测学生的学习情况，从而提高学生的三维动画设计与制作能力。

（四）课程教学团队建议

1. 课程负责人

课程负责人应具有实际三维动画制作工作经历，熟悉三维动画设计的标准和流程，具备三维建模、材质灯光以及动画设计与制作能力，能承担三维动画的策划、设计、制作、上传等工作。具有高级职称或相关职业资格中级以上证书，具有丰富的课程教学经验和较丰富的三维动画制作经验的"双师"教师。

2. 课程团队

本课程教学队伍由主讲教师及兼职教师构成，主讲教师与兼职教师比例达到1：1。每2个行政班级配备1名主讲教师和1名兼职教师。主讲教师应具有三维动画制作的工作经历，有较丰富的课程教学经验，且工程实践能力较强。兼职教师应具有3～5年的行业从业经验，具有较强的表达沟通能力，熟悉教学规律。

（五）校内实训条件建议

表 13　教学环境与实训条件需求表

序号	实训室名称	主要仪器设备		工位数	场地要求	可开设的实训项目	主要实训成果
		名称	数量				
1	虚拟现实实训室	计算机	57	56	面积：120平方米。采光：良好。电力：满足实训要求。	主要实训项目：三维建模、三维渲染、关键帧动画制作、动力学动画制作等。	（报告、设计、记录、作品等）
		路由器	20				
		增强型千兆三层交换机	20				
		三层交换机	20				
		图形工作站	4				
		投影仪	1				
		功放	1				
		无线话筒	1				
2	数字媒体实训室	计算机	60	60	面积：120平方米。采光：良好。电力：满足实训要求。	主要实训项目：三维建模、三维渲染、关键帧动画制作、动力学动画制作等。	（报告、设计、记录、作品等）
		图形工作站	1				
		投影仪	1				
		功放	1				
		无线话筒	1				
		千兆48口交换机	1				
		千兆24口交换机	1				

（六）其他教学资源配置

通过"学习通""智慧职教"等教学平台，不断丰富"三维动画设计"课程教学资源库建设，丰富课程教学内容、教学方法和教学手段，方便学生开展自主学习。利用电子教案、教学课件、视频、教学平台进行辅助教学，在线答疑等师生互动方式，能够提高教学效果；利用习题库、相关考试题库、技能抽查题库、赛教结合等方式可进行教学知识和技能的自我测评。

五、考核评价标准

（一）考核方案

教学效果评价采取过程性评价与终结性考核两种方式进行，突出"过程考核与综合考核相结合，理论与实践考核相结合，教师评价与学生自评、互评相结合"的原则，由过程考核评价和终结考核评价组成。过程考核与终结考核的权重比为 6 : 4。

过程考核，包括对每个学习模块进行的项目考核（占总成绩的 30%）和对平时学习态度的考核（占总成绩的 30%）。在过程考核中主要是实现对学生学习效果的过程监控，全面考核学生的专业知识、专业技能和综合能力，激发学生主动学习的热情。终结性考核，是指在期末由老师指定三维动画项目或由学生自选三维动画项目进行设计制作的综合性考核（占总成绩的 40%），在一个三维动画设计与开发的过程中考核学生的课程学习情况、知识掌握程度和综合运用能力。课程考核方式如表 14 所示：

表 14 "三维动画设计"课程考核方式

考核内容	考核方式		权重
终结性考核	综合技能考试：根据命题案例制作，通过提交作品评定成绩	三维场景建模	20%
		灯光及材质渲染	10%
		动画制作	5%
		作品创意	5%
	小计		40%
过程考核	模块实训＋阶段性测试	作品效果	15%
		实训态度	5%
		操作熟练程度	5%
		职业素养	5%
	小计		30%
平时考核		作业完成情况	15%
		出勤情况	10%
		线上互动	5%
	小计		30%

（二）考核标准

1. 期末考核

期末考核主要以引入实际设计案例，在规定考试范围和时间内要求学生完成并提交作品的形式来进行。如表 15 所示，期末考试最终评分标准主要是：三维场景建模、灯光及材质渲染、动画制作和作品创意四方面，综合考查学生综合设计创意、最终作品效果、技能操作难度和熟练程度、职业素养，期末作品成绩占考试总成绩的 40%。如表 15 所示：

表15 "三维动画设计"课程期末作品考核标准

<table>
<tr><td rowspan="2"></td><td rowspan="2">考核点</td><td rowspan="2">权重（%）</td><td colspan="3">考核标准</td></tr>
<tr><td>优秀（86～100分）</td><td>良好（70～85分）</td><td>及格（60～69分）</td></tr>
<tr><td rowspan="4">期末作品考核</td><td>1. 三维场景建模</td><td>60%</td><td>模型结构准确、布线规范，模型细节处理精细，空间布局优秀，视觉效果精美。</td><td>模型结构及布线较好，细节处理较好，空间布局较好，视觉效果较好。</td><td>模型结构及布线较合理，细节处理平淡，空间布局合理，视觉效果一般。</td></tr>
<tr><td>2. 灯光及材质渲染</td><td>20%</td><td>颜色搭配协调美观，整体色调符合主题画面的氛围感觉；曝光控制恰当，渲染光影和材质表现准确，材质丰富、真实、细节表现突出；渲染画面质量高、无噪点。</td><td>颜色搭配协调，画面有一定的氛围感觉，曝光控制较好，有较好的材质渲染及细节表现，渲染质量较高。</td><td>作品完整，能清晰表现物体质感，色彩运用恰当，渲染质量一般。</td></tr>
<tr><td>3. 动画制作</td><td>10%</td><td>整体表现形式新颖，模型动画制作自然流畅、符合运动规律与主题，动画生动有趣；动画技术运用恰当且丰富。</td><td>模型动画制作较为自然流畅、较符合运动规律与主题。动画技术运用合理且较为丰富。</td><td>模型动画制作流畅，体现了一定的运动规律，运用了一定的动画技术。</td></tr>
<tr><td>4. 作品创意</td><td>10%</td><td>主题鲜明，设计感强，创意新颖。</td><td>主题表达明确，有一定的设计想法，简单的创意表现。</td><td>主题明确，内容表达清晰，有设计意识。</td></tr>
</table>

2. 项目考核

以工作过程为引导，以项目实践为主。平时模块实训和阶段性的测试纳入最终期末成绩，平时项目训练和阶段性的测试以学生提交作品和上机技能测试的形式考核。根据作品效果、实训态度、操作熟练程度三方面综合评分，占考试总成绩的30％。具体标准参考表16：

表16 "三维动画设计"课程项目考核标准

<table>
<tr><td rowspan="2">考核点</td><td rowspan="2">权重（%）</td><td colspan="3">考核标准</td></tr>
<tr><td>优秀（成绩范围）</td><td>良好（成绩范围）</td><td>及格（成绩范围）</td></tr>
<tr><td>1. 作品效果</td><td>40%</td><td>作品完整，效果突出。（86～100分）</td><td>作品完整，效果一般。（70～85分）</td><td>能完成作品。（60～69分）</td></tr>
<tr><td>2. 实训态度</td><td>20%</td><td>操作练习态度认真，按时优秀的完成实训作业。（86～100分）</td><td>操作练习态度较认真，能按时完成实训作业。（70～85分）</td><td>能根据要求进行操作练习，基本能完成实训作业。（60～69分）</td></tr>
</table>

续表

考核点	权重（%）	考核标准		
		优秀（成绩范围）	良好（成绩范围）	及格（成绩范围）
3. 操作熟练程度	40%	熟悉所学模块要求的软件使用方法，并能举一反三的使用到别的所需的项目实践中。（86～100分）	掌握所学模块要求掌握的软件技能，且能较好地完成技能操作练习。（70～85分）	基本了解所学模块要求掌握的软件技能，能完成技能操作训练。（60～69分）
合计	100%			

3. 平时考核

平时考核情况也将纳入最终考核成绩，以作业完成情况、出勤情况、线上互动、线上任务完成情况四个方面综合评分。占考试总成绩的30%。

表17 "三维动画设计"课程平时成绩考核标准

考核点	权重（%）	考核标准		
		优秀（成绩范围）	良好（成绩范围）	及格（成绩范围）
1. 作业完成情况	40%	按时、优秀地完成作业。（86～100分）	按时按质地完成作业。（70～85分）	按时完成作业（60～69分）
2. 出勤情况	30%	没有缺勤情况；学习态度认真，听从教师安排。（86～100分）	缺勤10%以下，学习态度较认真，听从老师安排。（70～85分）	缺勤30%以下听从老师安排。（60～69分）
3. 线上互动	15%	线上互动充分，完成所有的线上讨论和提问（86～100分）	线上互动良好，基本完成线上讨论和提问。（70～85分）	线上互动一般，完成部分线上互动和讨论。（60～69分）
4. 线上任务完成情况	15%	线上任务全部完成。（86～100分）	线上任务完成80%。（70～85分）	线上任务完成70%。（60～69分）
合计	100%			

六、其他

课程在实施过程中可以引入真实的三维动画设计与制作项目，教学上进行分模块与综合动画制作的项目实战训练的编排以提升学生能力。

"数字影视特效"课程标准

课程名称：数字影视特效

课程代码：044830

课程类型：专业核心课程

开课时间：第4学期

适用专业：数字媒体应用技术专业

学　　时：64学时（理论课学时数：32学时，实践课学时数：32学时）

学　　分：4学分

一、课程概述

　　"数字影视特效"课程是数字媒体应用技术专业学生必修的专业核心课程。是具有工作过程特点的理论与实践一体化的课程，在培养数字媒体技术行业高技能型人才中，起到了重要的支撑作用。学生通过本课程的学习和实践能掌握影视特效制作流程和技术方法，能将平面设计、三维动画、二维动画与特效制作结合起来，制作影视特效视频画面，具备在影视节目、影视广告、影视动画中的综合应用职业素养，并使学生专业能力、应用能力、创新能力显著提高，能全面胜任职业岗位影视特效设计与制作的工作。培养学生解决影视后期制作问题的能力，达到国家劳动和社会保障部所属职业技能鉴定中心实施的专业资格相应的知识与技能水平。

　　（一）课程的性质

　　本课程先导课程有"图形图像处理""网络动画设计""信息版式设计""三维动画设计""数字音频编辑"，通过本课程学习，学生能了解到数字影视项目的制作流程及基础技能，为后续开设的"数字影音编辑""新媒体应用开发"等课程的学习，积累一定的知识、技术和制作经验，为培养能胜任数字影视制作相应岗位需求的技能人才打下坚实的理论与实践基础。

　　（二）课程设计思路

　　本课程根据传媒领域影视行业中常见的影视特效典型应用选择教学内容，

依据影视特效相似的典型应用构建教学应用模块，按照从易到难、循序渐进的认知规律编排模块顺序并进行教学，以真实典型的工作任务为教学载体，实施"项目导向、任务驱动"的教学模式重构课程教学内容，通过常见影视特效的"教、学、做"和影视特效的综合应用培养和考评学生知识、技能的综合运用能力，为学生在数字影视制作领域的可持续发展奠定理论与实践基础。

二、课程培养目标

（一）总体目标

本课程以培养学生影视特效设计与制作能力为主，突出学生知识水平和操作技能的综合素质培养。学生通过本课程的学习，掌握影视特效制作流程和技术方法，并在学习的过程中了解数字影视项目的制作流程与技巧，达到能将之前所学的数字图片编辑、设计构成、信息版式设计、三维动画制作的知识与影视特效技术相结合进行数字影视特效作品的制作的能力。通过课程的项目教学，训练学生的创意思维、设计思维、专业技能，使其能胜任职业岗位影视特效制作的相关工作。

（二）具体目标

1. 知识目标

（1）通过图形动画相关案例的学习，学习运动规律的知识，并结合图形动画的制作技巧，掌握 logo 演绎、栏目包装、节目导视等动画短片的设计与制作知识。

（2）通过学习蒙版技巧、蒙版与摄影摄像匹配等知识，掌握独立或分工合作完成影视画面中的典型特效镜头的制作技巧，如分屏知识、光效知识、遮罩知识等。

（3）通过调色技术的相关案例学习，掌握色彩理论知识、色彩控制技术、并能进行影视画面的调色处理。

（4）通过跟踪技术、抠像技术的学习，掌握将二维或三维元素跟视频画面结合跟踪的知识、抠像的技巧，并进行影视画面的合成技巧处理。

（5）根据综合案例项目实践，学生能运用之前所学的数字图片编辑、设计构成、信息版式设计、三维动画制作等知识与影视特效技术相结合，完成数字影视特效项目的制作。

2. 能力目标

（1）掌握影视特效工作原理、影视特效制作流程和相关设置要求，形成基本职业素养；

（2）掌握影视特效的制作工具性能和使用技巧，达到熟练操作特效制作软件的能力；

（3）掌握素材的合成、关键帧动画、编辑与渲染、图层的叠加模式、蒙版与遮罩、三维合成等基本知识和操作技能，能创建特效视频画面，达到灵活应用并进行简单效果制作的能力；

（4）掌握特效制作软件中的相关功能，制作噪波特效、调色特效、文字特效、粒子特效、抠像与跟踪、仿真特效等特效设置与调节的技术方法，达到能独立完成影视特效视频片段制作的能力；

（5）掌握特效制作软件中的各种功能，能根据自己的创意方案，独立完成影视节目、影视广告、影视动画等实际项目案例制作的能力。

3. 素质目标

（1）培养学生的沟通能力和团队协作精神；

（2）培养学生实践动手操作能力；

（3）提高学生语言表达能力与沟通技巧；

（4）培养诚实守信、公平公正、遵纪守法的职业素养；

（5）培养学生爱岗敬业的工作作风；

（6）培养学生具有良好的职业道德和较强的工作责任心；

（7）培养学生工匠精神和爱国主义情怀。

三、课程教学内容

表 18 "数字影视特效"课程教学内容设计表

序号	学习任务（项目）	子任务（子项目）	教学内容	课时数（理论/实践）	教学要求（知识点、能力点、素质点）	教学方式（教学方法、教学手段）	教学场地
1	数字影视特效概述	视频特效合成	1. 影视特效合成发展史；2. 主流特效技术；3. 合成技巧及定格动画制作思路。	理论：1课时；实践：1课时。	1. 了解影视特效合成的发展历程；2. 了解中西方的发展典型代表；3. 了解目前主流的技术趋势和制作手段；4. 了解制作影视特效画面的要求和行业标准；5. 形成职业思想意识；提升其对岗位技能的了解程度。	教学方法：板书与多媒体教学结合，项目案例与理论结合，SPOC线上线下混合教学。媒介资源：教材、教案、多媒体视频。	理实一体教室、校内实训基地。

续表1

序号	学习任务（项目）	子任务（子项目）	教学内容	课时数（理论/实践）	教学要求（知识点、能力点、素质点）	教学方式（教学方法、教学手段）	教学场地
1	数字影视特效概述	特效制作软件	1. 主流软件介绍； 2. 软件界面及操作； 3. 素材导入技巧； 4. 定格动画制作及输出。	理论：1课时；实践：1课时。	1. 了解目前主流软件的功能特点，掌握各种软件之间的区别； 2. 了解 AE 软件的界面布局及基本操作技巧； 3. 掌握各种格式素材导入 AE 的方法及特性； 4. 掌握定格动画制作思路，了解其拍摄技巧、创意技巧、后期合成及渲染输出技巧。	教学方法：板书与多媒体教学结合，项目案例与理论结合，线上视频案例＋线下面授精讲多练与讨论结合的方法。 媒介资源：教材、教案、多媒体视频。	理实一体教室、校内实训基地。
		特效合成流程制作	1. 视频素材、声音素材、图片素材在 AE 中的处理技巧； 2. 合成及合成设置； 3. 时间线及时间码控制； 4. 渲染格式设置。	理论：1课时；实践：1课时。	1. 掌握视频素材的修剪、预合成等方法； 2. 掌握声音素材的导入、淡入淡出处理、频谱调整等技巧； 3. 掌握图片素材在合成中的基本动画制作技巧； 4. 掌握合成设置规格和标准； 5. 掌握渲染格式要求和行业标准。	教学方法：板书与多媒体教学结合，项目案例与理论结合，SPOC 线上线下混合教学。 媒介资源：教材、教案、多媒体视频。	理实一体教室、校内实训基地。
2	图形与文字动画制作	图形创建及动画制作	1. 认识图层； 2. 图形绘制、填充、描边、曲线调整、参数调整等； 3. 图形修改技巧； 4. 图形动画制作方法； 5. 运动规律、视觉残留。	理论：1课时；实践：1课时。	1. 了解图层类型及特点、相关设置要求、掌握图层操作技巧； 2. 掌握图形创建方法，并能熟练使用工具绘制所需图形并进行相关参数的调整； 3. 了解运动规律基础知识，熟练使用关键帧、曲线等功能进行图形的动画效果制作。	教学方法：板书与多媒体教学结合，项目案例与理论结合，SPOC 线上线下混合教学。 媒介资源：教材、教案、多媒体视频。	理实一体教室、校内实训基地。

续表 2

序号	学习任务（项目）	子任务（子项目）	教学内容	课时数（理论/实践）	教学要求（知识点、能力点、素质点）	教学方式（教学方法、教学手段）	教学场地
2	图形与文字动画制作	文字创建及动画制作	1. 认识文字及参数设置；2. 文字动画的制作；3. 文字动画与图形动画的匹配技巧。	理论：1课时；实践：1课时。	1. 了解文字创建、参数修改的方法；掌握根据创意方案进行字体设计、字库下载及安装应用的方法；2. 能熟练应用运动规律完成文字动画的制作；3. 了解文字与图形、音乐的配合技巧，从形状、配色、版式结构上能去设计和分析，并能完成案例视频的制作。	教学方法：板书与多媒体教学结合，项目案例与理论结合，SPOC 线上线下混合教学。媒介资源：教材、教案、多媒体视频。	理实一体教室、校内实训基地。
		logo 演绎动画制作	1. logo 的内涵、作用；演绎动画在视频短片中应用的途径；2. logo 演绎动画创意思路；3. logo 演绎动画的素材制作；4. logo 演绎动画的制作技巧。	理论：2课时；实践：2课时。	1. 了解 logo 演绎动画基本概念，掌握演绎动画制作的相关基础知识；2. 掌握 logo 演绎动画的制作思路及创意方法，能运用软件进行图形的绘制和动画的制作；3. 掌握 logo 演绎动画的制作技巧，达到案例项目要求。	教学方法：板书与多媒体教学结合，项目案例与理论结合，SPOC 线上线下混合教学。媒介资源：教材、教案、多媒体视频。	理实一体教室、校内实训基地。
		节目导视动画制作	1. 频道包装的概念、类型、定义、作用；2. 节目导视的功能及特点；3. 图形及文字动画在节目导视短片制作中的应用技巧。	理论：2课时；实践：2课时。	1. 了解主流媒体的频道包装基础知识，能区分频道包装的各种类型及特点，掌握频道包装的作用和创意思路；2. 了解节目导视的功能特点、制作方法；3. 能完成并制作节目导视短片中所涵盖的信息元素及视觉表达元素；4. 能熟练运用图形及文字动画知识进行节目导视短片的制作。	教学方法：板书与多媒体教学结合，项目案例与理论结合，SPOC 线上线下混合教学。媒介资源：教材、教案、多媒体视频。	理实一体教室、校内实训基地。

续表3

序号	学习任务（项目）	子任务（子项目）	教学内容	课时数（理论/实践）	教学要求（知识点、能力点、素质点）	教学方式（教学方法、教学手段）	教学场地
3	蒙版及遮罩技术应用	认识蒙版和遮罩	1. 蒙版基础知识；2. 遮罩基础知识；3. 手写文字效果制作。	理论：1课时；实践：1课时。	1. 了解蒙版及遮罩基础知识；2. 能使用蒙版遮罩技术制作简单的动画效果；3. 能运用素材进行效果的精加工。	教学方法：板书与多媒体教学结合，项目案例与理论结合，SPOC线上线下混合教学。媒介资源：教材、教案、多媒体视频。	理实一体教室、校内实训基地
		影视镜头画面：空间转移效果制作	1. 拍摄技巧；2. 场景选择；3. 效果镜头应用分析；3. 效果制作过程展示。	理论：2课时；实践：2课时。	1. 能根据效果要求进行场景的选择，并结合摄影摄像知识进行素材的拍摄和技术处理；2. 能根据效果需求收集素材并加工；3. 能根据效果需求完成效果视频的制作。	教学方法：板书与多媒体教学结合，项目案例与理论结合，SPOC线上线下混合教学。媒介资源：教材、教案、多媒体视频。	理实一体教室、校内实训基地。
		影视镜头画面：同人多角度入画效果制作	1. 拍摄技巧；2. 场景选择；3. 效果镜头应用分析；4. 效果制作过程展示。	理论：2课时；实践：2课时。	1. 能根据效果要求进行场景的选择，并结合摄影摄像知识进行素材的拍摄和技术处理；2. 能根据效果需求收集素材并加工；3. 能根据效果需求完成效果视频的制作。	教学方法：板书与多媒体教学结合，项目案例与理论结合，SPOC线上线下混合教学。媒介资源：教材、教案、多媒体视频。	理实一体教室、校内实训基地。
		水墨片头制作：扇面打开水墨山水世界	1. 素材制作及处理；2. 三维空间及摄像机操作技巧；3. 蒙版与三维空间、摄影机的应用技巧；4. 具体效果制作演示。	理论：2课时；实践：2课时。	1. 能根据效果要求收集素材并加工；2. 能掌握三维空间、摄影机图层的基本操作技巧；3. 能根据效果需求，综合应用蒙版及遮罩技术进行水墨片头的效果制作。	教学方法：板书与多媒体教学结合，项目案例与理论结合，SPOC线上线下混合教学。媒介资源：教材、教案、多媒体视频。	理实一体教室、校内实训基地。

续表4

序号	学习任务（项目）	子任务（子项目）	教学内容	课时数（理论/实践）	教学要求（知识点、能力点、素质点）	教学方式（教学方法、教学手段）	教学场地
4	调色技术应用	认识调色技术	1. 调色基础；2. 色阶基础；3. 三大调色命令；4. 影视画面中的色彩处理分析。	理论：1课时；实践：1课时。	1. 掌握调色的基础知识；掌握色阶的性能特点；2. 掌握三大调色命令的功能和操作技巧；3. 了解色彩在影视画面中的处理手段。	教学方法：板书与多媒体教学结合，项目案例与理论结合，SPOC线上线下混合教学。媒介资源：教材、教案、多媒体视频。	理实一体教室、校内实训基地。
		降噪磨皮处理技巧	1. 素材的选择；2. 调色技巧综合应用；	理论：1课时；实践：1课时。	1. 掌握视频画面中的人物磨皮效果的处理技巧；2. 能综合应用调色技术进行其效果处理；	教学方法：板书与多媒体教学结合，项目案例与理论结合，SPOC线上线下混合教学。媒介资源：教材、教案、多媒体视频。	理实一体教室、校内实训基地
5	抠像与跟踪技术	认识跟踪技术	1. 跟踪技术概述；2. 跟踪技术的应用范畴；3. 一点跟踪、两点跟踪、四点跟踪、摄影机反求操作技巧。	理论：1课时；实践：1课时。	1. 掌握影视画面中的跟踪基础知识；2. 了解跟踪的应用范畴和处理的主要技术手法。	教学方法：板书与多媒体教学结合，项目案例与理论结合，SPOC线上线下混合教学。媒介资源：教材、教案、多媒体视频。	理实一体教室、校内实训基地。
		一点跟踪：中枪/爆头特效制作	1. 遮罩蒙版应用；2. 一点跟踪应用；3. 素材应用及调色处理。	理论：2课时；实践：2课时。	1. 能应用一点跟踪知识进行项目案例的制作；2. 提高技能综合应用能力。	教学方法：板书与多媒体教学结合，项目案例与理论结合，SPOC线上线下混合教学。3. 媒介资源：教材、教案、多媒体视频。	理实一体教室、校内实训基地。

续表5

序号	学习任务（项目）	子任务（子项目）	教学内容	课时数（理论/实践）	教学要求（知识点、能力点、素质点）	教学方式（教学方法、教学手段）	教学场地
5	抠像与跟踪技术	两点跟踪：芯片眼镜效果制作	1. 素材拍摄及制作要求；2. 两点跟踪应用技巧。	理论：1课时；实践：1课时。	1. 能应用两点跟踪知识进行项目案例的制作；2. 提高技能综合应用能力。	教学方法：板书与多媒体教学结合，项目案例与理论结合，SPOC 线上线下混合教学。媒介资源：教材、教案、多媒体视频。	理实一体教室、校内实训基地。
		四点跟踪：手机换屏效果制作	1. 边角固定效果应用；2. 四点跟踪画面分析；3. 镜头稳定效果处理。	理论：1课时；实践：1课时	1. 能应用四点跟踪知识进行项目案例的制作；2. 提高技能综合应用能力。	教学方法：板书与多媒体教学结合，项目案例与理论结合，SPOC 线上线下混合教学。媒介资源：教材、教案、多媒体视频。	理实一体教室、校内实训基地。
		认识抠像技术	1. 抠像技术概述；2. 抠像技术的应用范畴；3. 主流抠像命令及插件。	实践：1课时；实践：1课时。	1. 了解抠像技术的基础知识；2. 掌握抠像在影视画面中的主要处理技巧。	教学方法：板书与多媒体教学结合，项目案例与理论结合，SPOC 线上线下混合教学。媒介资源：教材、教案、多媒体视频。	理实一体教室、校内实训基地。
		绿屏抠像：行驶中的汽车	1. 绿屏抠像技巧；2. 车窗反光及折射细节处理；3. 场景融合及细节调整。	实践：2课时；实践：2课时。	1. 掌握软件自带的抠像命令的功能及操作技巧；2. 熟悉抠像插件的应用技巧；3. 掌握在实际项目制作中抠像技术和调色、蒙版、光效加工能知识的综合应用技巧。	教学方法：板书与多媒体教学结合，项目案例与理论结合，SPOC 线上线下混合教学。媒介资源：教材、教案、多媒体视频。	理实一体教室、校内实训基地。

续表6

序号	学习任务（项目）	子任务（子项目）	教学内容	课时数（理论/实践）	教学要求（知识点、能力点、素质点）	教学方式（教学方法、教学手段）	教学场地
6	综合项目案例应用	MG动画项目制作	1. 图形动画创意思路；2. 分镜脚本设计及制作；3. 素材收集及处理；4. 文案写作及音频制作；5. 动画设计及制作。	实践：2课时；实践：4课时。	1. 掌握MG动画项目的制作流程及方法。2. 能综合运用前期所学的特效技术知识进行项目案例的制作。	教学方法：板书与多媒体教学结合，项目案例与理论结合，SPOC线上线下混合教学。媒介资源：教材、教案、多媒体视频。	理实一体教室、校内实训基地。
		影视广告项目制作	1. 创意思路及文案撰写；2. 分镜脚本设计及制作；3. 素材收集及处理；4. 素材拍摄及音频制作；5. 视频后期合成及技术处理。	实践：2课时；实践：4课时。	1. 掌握影视广告项目的制作流程及方法。2. 能综合运用前期所学的特效技术知识进行项目案例的制作。	教学方法：板书与多媒体教学结合，项目案例与理论结合，SPOC线上线下混合教学。媒介资源：教材、教案、多媒体视频。	理实一体教室、校内实训基地。

四、课程实施建议

（一）教材的选用及编写建议

自编教材：《数字影视特效制作基础教程》，作者：章臻 书号 ISBN：9787517022145，中国水利水电出版社。

该教材为我专业任课教师章臻编写，是国家十二五规划教材。本教材将种类繁多的特效分门别类归纳为十二个特效应用模块，突出特效模块的典型应用。遵循顺序渐进、梯度适中的原则进行教学。教材深入浅出、步骤详细、图文并茂、脉络清晰，不仅使学生系统地掌握数字影视特效的基础知识和操作技巧，了解数字影视特效创意与制作流程，同时，还能举一反三，融会贯通于图形图像处理、融媒体设计与制作、影视动画编辑与合成、电视栏目包装、频道台标演绎、影视广告设计与展示等。

（二）教学参考书推荐建议

《After Effects CC 从入门到精通 AE 教程》，作者：唯美世界，水利水电出版社，2019 年 4 月；

《Adobe After Effects CC 2019 经典教程》，作者：〔美〕布里·根希尔德（Brie Gyncild）丽莎·弗里斯玛，人民邮电出版社，2019 年 12 月；

《After Effects 全套影视特效制作典型实例》，作者：水木居士，人民邮电出版社，2017 年 8 月。

（三）主要教学方法与手段建议

（1）采用"项目驱动、案例教学、理论实践一体化"教学模式。以真实的项目（任务、案例、主题）为载体，根据学生的认知规律和职业成长规律分解为以 2 课时或 4 课时为教学单位的子项目（子任务、子主题），在满足条件的教学场地实施理论教学和实践教学。增强学生学习兴趣、提升课堂教学效率。

（2）尝试行动导向教学方法和各种现代化教学手段。合理选用"任务驱动教学法""案例教学法"等行动导向的教学方向，课堂教学中充分调动学生的积极性；科学选用现代化教学手段，有效开发和选用数字化教学资源，全面改善教学过程中师生互动效果。

（3）探索移动互联时代混合式学习模式。充分利用智慧职教等移动课程平台，开发并整合课程教学资源，探索课堂集中教学和课前、课后学生自主学习相结合的混合式学习模式。充分发挥学生的主动性，激发学生的学习热情，帮助学生主动学习和学会学习。

（4）突出专业实践能力和职业素养并重。通过课程教学不断提升学生专业能力的同时，关注学生职业道德和职业精神的渗透，帮助学生养成良好的个人品格和行为习惯，培养爱岗敬业精神、团队协作精神和创业精神。

（四）课程教学团队建议

教师团队应由专任教师、行业专家、技术骨干等数字媒体技术领域的专业从业人员组成，他们需要有丰富的业务知识和技能水平，需要从事过相应的岗位工作经验，并有成功的案例支撑，所以建议加强校企合作，引进真实的项目案例，并为该课程的长远建设建立涵盖平面设计、三维制作、影视特效、后期合成、网页网站制作、程序应用开发等领域的教师资源。校内专任教师也需不定期的学习与补充自身的行业知识与业务实践能力。

1. 对校内专职教师的要求：

担任本课程的主讲教师需要熟练掌握数字媒体项目制作的相关知识，具备一定的数字媒体项目开发的能力和经验，同时应具备较丰富的教学经验和课堂组织能力。

（1）具备数字媒体应用技术基础理论知识；

（2）具备图形制作和图像处理的能力，有平面设计项目制作水平；

（3）具备三维项目的制作和处理能力，兼具三维动画项目制作水平；

（4）具备数字影音作品的制作和处理能力，有数字影音作品的创意、设计及制作水平；

（5）具备工匠精神、爱岗敬业、为人师表。

2. 对校内（外）兼职教师的要求：

（1）熟悉学校教学工作，能教书育人，为人师表，热爱教育事业；

（2）具备丰富实践经验的行业专家、技术骨干，能胜任受聘课程的教学任务；

（3）能带来行业最新资讯和项目，通过行业内实际项目的练习，带领学生实现课堂与市场设计零距离。

（五）校内实训条件建议

在教学环境和实训条件上都应配备满足教学需求的相关硬件和相应的软件，比如实训桌、数字作品（新媒体）展示系统、台式电脑、摄影摄像设备、数字媒体相关软件等，其相关参数如表19所示：

表19 教学环境与实训条件需求表

序号	实训室名称	主要仪器设备		工位数	场地要求	可开设的实训项目	主要实训成果
		名称	数量				
1	数字媒体实训室	计算机	57	56	面积：150平方米。采光：良好；电力：满足实训要求。	主要实训项目：图形动画实训、文字动画实训、蒙版应用实训、抠像项目实训、跟踪项目、调色项目实训、综合项目实训。	（报告、设计、记录、作品等）
		图形工作站	1				
		投影仪	1				
		功放	1				
		无线话筒	1				

（六）其他教学资源配置

通过"学习通""智慧职教"等教学平台，不断丰富专业教学资源库建设，提供"数字影视特效"课程全套教学文件、电子教案、教学课件、教学视频、习题库、相关考试大纲及题库等教学资源，丰富课程教学内容、教学方法和教学手段，方便学生开展自主学习。利用电子教案、教学课件、视频进行辅助教学，在线答疑等师生互动方式，能够提高教学效果；利用习题库、相关考试题库可进行教学知识和技能的自我测评。另外提供以下软件安装文件，如表20。

表20 软件安装资源

	名称	版本要求
软件	Windows 7	64位
	Microsoft Office	最新版
	Adobe Illustrator	最新版
	Coreldraw X4	最新版
	Adobe Photoshop	最新版
	Adobe Dreamweaver	最新版
	Autodesk 3DS Max	最新版
	VRay	最新版
	Unity3D	最新版
	CINEMA 4D	最新版
	Adobe Premiere	最新版
	Adobe Audition	最新版
	Adobe After Effects	最新版

五、考核评价标准

（一）考核方案

由于"数字影视特效"课程是以技能操作为主的课程，实践性强。考核学生的实际动手操作能力最为重要，而制作完整作品需要较长时间的拟定创意方案，收集整理素材阶段，所以本课程考核方式主要以项目考核为主，如表21所示：

表21 "数字影视特效"课程考核方式

考核内容	考核方式		权重
终结性考核	综合技能考试：根据命题案例制作，通过提交作品评定成绩	根据命题，设计创意	10%
		最终作品效果	15%
		技能操作难度和熟练程度	10%
	职业素养	严谨性、设计原创意识、设计态度	5%
	小计		40%

续表

考核内容	考核方式		权重
过程考核	模块实训＋阶段性测试	作品效果	15%
		实训态度	5%
		操作熟练程度	5%
		职业素养	5%
	小计		30%
平时考核	作业完成情况		10%
	出勤情况		10%
	线上互动		5%
	线上任务完成情况		5%
	小计		30%
总　　计			100%

（二）考核标准

1. 期末考试作品考核

期末作品主要以引入实际设计案例，在规定考试范围和时间内要求学生完成并提交作品的形式来进行。期末考试最终评分标准主要是：综合设计创意、最终作品效果、技能操作难度和熟练程度三方面，占考试总成绩的 40%。如表 22 所示：

表 22 "数字影视特效"课程期末作品考核标准

考核点	权重（%）	考核标准		
		优秀（成绩范围）	良好（成绩范围）	及格（成绩范围）
1. 设计创意	30%	主题鲜明，设计感强，有创意，主题表达明确。（86～100分）	主题表达明确，有一点的设计想法，简单的创意表现。（70～85分）	主题明确，内容表达清晰，有设计意识。（60～69分）
2. 作品最终效果	35%	主题明确、风格统一；剪接流畅、音画同步、内容完整；色彩处理合理、画面精美、字幕清晰、动画自然；播放流畅。（86～100分）	风格统一，画面清晰，主题表达明确，颜色搭配协调，播放流畅。（70～85分）	作品画面构图完整，能清晰表达主题，特效技术运用恰当。（60～69分）

续表

考核点	权重（%）	考核标准		
		优秀（成绩范围）	良好（成绩范围）	及格（成绩范围）
3. 技能操作难度和熟练程度	30%	综合运用4个以上特效处理技术；能综合运用平面、三维所学的技术知识进行素材的处理和视频画面的动画表达。（86～100分）	综合运用2个以上特效处理技术；能简单运用平面或三维动画所学的技术知识进行素材的处理和视频画面的动画表达。（70～85分）	基本完成项目任务，软件工具使用、素材处理合适。（60～69分）
职业素养	5%	设计作品制作严谨、设计原创意识强、创新性强、设计态度认真。（86～100分）	设计作品制作较严谨、设计原创意识较强、有一定创新性、设计态度较认真。（70～85分）	基本完成设计作品制作、有设计原创意识、设计态度基本认真。（60～69分）
合计	100%			

2. 实训项目考核方式

本课程安排本就以工作过程为引导，以项目实践为主。平时模块实训和阶段性的测试纳入最终期末成绩。平时项目训练和阶段性的测试会根据学习内容教师命题学生提交作品的形式考核。根据作品效果、实训态度、操作熟练程度三方面综合评分。占考试总成绩的30%。如表23所示：

表23 "数字影视特效"实训项目考核标准

考核点	权重（%）	考核标准		
		优秀（成绩范围）	良好（成绩范围）	及格（成绩范围）
1. 作品效果	40%	作品完整，效果突出。（86～100分）	作品完整，效果一般。（70～85分）	能完成作品。（60～69分）
2. 实训态度	20%	操作练习态度认真，按时优秀的完成实训作业。（86～100分）	操作练习态度较认真，能按时完成实训作业。（70～85分）	能根据要求进行操作练习，基本能完成实训作业。（60～69分）
3. 操作熟练程度	40%	熟悉所学模块要求的软件使用方法，并能举一反三的使用到别的所需的项目实践中。（86～100分）	掌握所学模块要求掌握的软件技能，且能较好的完成技能操作练习。（70～85分）	基本了解所学模块要求掌握的软件技能，能完成技能操作训练。（60～69分）
合计	100%			

3. 平时成绩考核方式

平时考核情况也将纳入最终考核成绩，以作业完成情况、出勤情况、线上互动、线上任务完成情况四个方面综合评分。占考试总成绩的 30％。如表 24 所示：

表 24 "数字影视特效"课程平时成绩考核标准

考核点	权重（％）	考核标准		
		优秀（成绩范围）	良好（成绩范围）	及格（成绩范围）
1. 作业完成情况	40％	按时，优秀的完成作业。（86～100 分）	按时按质的完成作业。（70～85 分）	按时完成作业（60～69 分）
2. 出勤情况	30％	没有缺勤情况；学习态度认真，听从教师安排。（86～100 分）	缺勤 10％以下，学习态度较认真，听从老师安排。（70～85 分）	缺勤 30％以下听从老师安排。（60～69 分）
3. 线上互动	15％	线上互动充分，完成所有的线上讨论和提问（86～100 分）	线上互动良好，基本完成线上讨论和提问。（70～85 分）	线上互动一般，完成部分线上互动和讨论。（60～69 分）
4. 线上任务完成情况	15％	线上任务全部完成。（86～100 分）	线上任务完成 80％。（70～85 分）	线上任务完成 70％。（60～69 分）
合计	100％			

"数字影音编辑"课程标准

课程名称：数字影音编辑

课程代码：045073

课程类型：专业核心课程

开课时间：第 5 学期

适用专业：数字媒体应用技术专业

学　　时：52 学时（理论课学时数：26 学时，实践课学时数：26 学时）

学　　分：3 学分

一、课程概述

（一）课程的性质

"数字影音编辑"是数字媒体应用技术专业的一门专业核心课程，主要培养具备数字媒体领域影视制作岗位的高技能应用型人才。本课程在第 5 学期开设，前导课程有图形图像处理、信息版式设计、数字音频编辑、三维动画设计、摄影摄像技术、数字影视特效，是课程体系中的影视技能水平综合应用与验收的课程，并为之后的毕业设计作品制作奠定基础，具有很强的实践性和实用性。

（二）课程设计思路

本课程根据传媒领域影视行业中常见的影视作品类型选择教学内容，依据影视作品所需的知识结构来构建教学模块，按照从易到难、循序渐进的认知规律编排模块顺序并进行教学，以真实典型的工作任务为教学载体，实施"项目导向、任务驱动"的教学模式重构课程教学内容，通过影视项目的制作实践，培养和考评学生知识、技能的综合运用能力，为学生在数字影视制作领域的可持续发展奠定理论与实践基础。

二、课程培养目标

（一）总体目标

本课程主要培养学生对视频素材的处理能力和非线性编辑能力。通过本课程的学习，学生可以了解数字影音编辑的基本技能与数字影音作品制作的基本流程，掌握分镜头脚本的制作、镜头语言的应用、蒙太奇手法的表现形式，并通过数字影音编辑软件进行影音作品的技巧学习，熟练掌握剪辑合成技巧、转场设计技巧、特效分镜头制作技巧、音频剪辑与合成和字幕的设计及运动技巧，为学生毕业后从事剪辑师、后期特效合成师以及相关专业的岗位打下坚实的能力基础，并养成良好的职业素质。

（二）具体目标

1. 知识目标

（1）了解分镜头的概念；

（2）了解视听语言的基本知识；

（3）了解蒙太奇剪辑的类型、技巧、方法；

（4）了解转场设计的功能作用；

（5）了解预告片、广告片、音乐短片和微电影的剪辑思路及方法。

2. 能力目标

（1）会选择、整理、剪裁全部分割拍摄的镜头素材；

（2）能运用蒙太奇技巧进行编辑组接，使之成为一部完整的影片；

（3）能以分镜头剧本为依据，通过对镜头精细而恰到好处的剪接组合；

（4）能运用后期剪辑思路来突出人物、深化主题、提高影片的艺术感染力；

（5）能运用信息版式、设计构成的知识针对视频画面做设计包装；

（6）能针对产品特性进行剪辑包装创意，完成节目编辑和成片出库。

3. 素质目标

（1）提高影视艺术审美素养；

（2）培养创新精神，独立思考，追求原创；

（3）提高自学能力、会计划、会总结理论和实际经验；

（4）养成不断积累素材、学习资料的习惯，并进行分类整理；

（5）养成勇于克服困难的精神，不畏难，勇于尝试。

三、课程教学内容

本课程采用项目引导的方式将知识技能进行科学设计，将课程内容以循序渐进、由易到难的形式，分三个模块进行编排，分别为镜头与剪辑（蒙太奇、视听语言、分镜头脚本）、基础技能（剪辑、转场、特效、音频、字幕）、影音编辑综合实践，学生通过课程的学习最终掌握视频剪辑思路和方法、影音作品的策划和实现技巧、视频特效的表现和制作技巧等知识。如表25所示：

表25 "数字影音编辑"课程教学内容设计表

序号	学习任务（项目）	子任务（子项目）	教学内容	课时数（理论/实践）	教学要求（知识点、能力点、素质点）	教学方式（教学方法、教学手段）	教学场地
1	镜头与剪辑	电影《山楂树》解析	1. 影视节目制作流程； 2. 影视节目制作手段和方式； 3. 镜头语言； 4. 剪辑方式和特点； 5. 镜头转场与视频节奏把控。	4（2/2）	1. 掌握影视节目制作的基本流程； 2. 熟悉影视剪辑软件与相关流程； 3. 了解现实条件下影视作品的段落构成； 4. 掌握镜头语言的基本知识； 5. 了解电影的剪辑方式和特点。	案例教学、任务驱动、分组讨论。	多媒体实训室。
		电影《速度与激情》解析	1. 分镜头脚本； 2. 画面语言和声音语言； 3. 蒙太奇表现手法； 4. 色调与情境表达； 5. 音效、音响与画面匹配手法。	4（2/2）	1. 了解分镜头脚本的编写格式； 2. 了解撰写分镜头脚本的基本技巧； 3. 掌握画面语言的表达技巧； 4. 了解蒙太奇的概念； 5. 掌握色调、音效在视频画面中的应用技巧； 6. 掌握蒙太奇语言及其在影视作品中的使用技巧； 7. 能运用蒙太奇修辞进行拍摄剪辑。	案例教学、任务驱动、分组讨论。	多媒体实训室。
2	基础技能训练	广告短片制作	1. 创意文案写作； 2. 优秀广告作品分析； 3. 广告短片类型特点； 4. 广告短片创意及制作技巧。	4（2/2）	1. 掌握广告文案写作技巧； 2. 掌握广告类型创意技巧； 3. 掌握后期合成软件的操作技巧。	案例教学、任务驱动、分组讨论。	多媒体实训室。
		预告片制作	1. 画面连贯组接的因素； 2. 画面组接的剪接点； 3. 镜头长度的取舍； 4. 画面的方向性； 5. 运动的组接； 6. 字幕与画面组接； 7. 程序自带转场应用； 8. 版式包装在预告片中的应用。	8（4/4）	1. 了解画面组接相关规律； 2. 熟悉电视画面组接过程中的节奏； 3. 能够运用电视画面组接技巧进行拍摄剪辑； 4. 掌握剪辑软件的基本操作； 5. 掌握字幕设计、动画制作、分镜头包装技巧。	案例教学、任务驱动、分组讨论。	多媒体实训室。

续表

序号	学习任务（项目）	子任务（子项目）	教学内容	课时数（理论/实践）	教学要求（知识点、能力点、素质点）	教学方式（教学方法、教学手段）	教学场地
2	基础技能训练	音乐短片制作	1. 场面划分的依据；2. 转场创意设计方法；3. 音频处理、音效添加；4. 字幕动画的设计；5. 声画组合匹配技巧；6. 版式包装在音乐短片中的应用。	8（4/4）	1. 了解场面过渡的意义；2. 熟悉场面过渡的编辑流程；3. 了解声画组合的视听特征；4. 能美化声音；5. 能制作字幕动画；6. 熟悉声画组合的技巧。	案例教学、任务驱动、分组讨论。	多媒体实训室。
3	影音编辑综合实践	微电影的制作	1. 分镜头剧本的编写；2. 素材拍摄、整理和导入；3. 素材粗剪和精剪；4. 配音配乐；5. 字幕制作；6. 渲染导出；7. 版式包装在微电影中的应用。	8（4/4）	1. 了解微电影的画面节奏意义与气氛把控技巧；2. 掌握影视画面的素材筛选与归类整理方法；3. 掌握分镜头撰写思路；4. 掌握微电影作品的剪辑思路。	案例教学、任务驱动、分组讨论。	多媒体实训室。
	合计			52			

四、课程实施建议

（一）教材的选用及编写建议

《Premiere Pro CS6 实用教程》，华天印象 编著，人民邮电出版社，2017年7月。

本教材讲解了 Premiere Pro CS6 的各项核心功能与精髓内容，以各种重要功能为主线，对每个功能中的重点内容进行了详细介绍，并安排了大量课堂案例，让学生可以快速熟悉软件的功能和制作思路。所有案例都配有高清语音教学，让学生体验面对面、手把手的教学。

本课程教材的编写必须符合本课程培养目标，要体现任务驱动、实践导向的课程设计思想。教材编写要符合高职计算机类专业学生的特点，循序渐进，项目为载体，理论联系实践，具备基础性、应用性和拓展性。教材要有配套的制作视频和案例库。

（二）教学参考书推荐建议

（1）《看不见的剪辑》，（美）鲍比·奥斯廷 著，世界图书出版公司、后浪出版公司，2018 年 6 月。

（2）典藏——Premiere Pro 视频编辑剪辑制作完美风暴. 新视角文化行编著. 人民邮电出版社，2016 年 1 月；

（3）《电影剪辑技巧》，（英）赖兹，（英）米勒著，郭建中等译，中国电影出版社，2008 年 1 月；

（4）《Premiere Pro CC 视频编辑案例课堂》（第 2 版），温培利编著，清华大学出版社，2018 年 1 月；

（5）《Premiere Pro CC 从入门到精通 PR 教程》，唯美世界 编著，水利水电出版社，2019 年 6 月；

（6）《大师镜头：低成本拍大片的 100 个高级技巧》，（澳）肯沃斯 著，魏俊彦 译，电子工业出版社，2010 年 5 月。

（三）主要教学方法与手段建议

（1）采用"项目驱动、案例教学、理论实践一体化"教学模式。以真实的项目（任务、案例、主题）为载体，根据学生的认知规律和职业成长规律分解为以 2 课时或 4 课时为教学单位的子项目（子任务、子主题），在满足条件的教学场地实施理论教学和实践教学。增强学生学习兴趣、提升课堂教学效率。

（2）尝试行动导向教学方法和各种现代化教学手段。合理选用"任务驱动教学法""案例教学法"等行动导向的教学方向，课堂教学中充分调动学生的积极性；科学选用现代化教学手段，有效开发和选用数字化教学资源，全面改善教学过程中师生互动效果。

（3）探索移动互联时代混合式学习模式。充分利用智慧职教等移动课程平台，开发并整合课程教学资源，探索课堂集中教学和课前、课后学生自主学习相结合的混合式学习模式。充分发挥学生的主动性，激发学生的学习热情，帮助学生主动学习和学会学习

（4）突出专业实践能力和职业素养并重。通过课程教学不断提升学生专业能力的同时，关注学生职业道德和职业精神的渗透，帮助学生养成良好的个人品格和行为习惯，培养爱岗敬业精神、团队协作精神和创业精神。

（四）课程教学团队建议

本课程教学团队由主讲教师及兼职教师构成，主讲教师与兼职教师的比例应该达到 1：1。每 4 个行政班级配备 1 名主讲教师和 1 名兼职教师。主讲教师和兼职教师都应具有相关专业大学本科以上的学历，有影视后期编辑的工作经

历。兼职教师要有3～5年的行业从业经验，有丰富的影视后期编辑项目实践经验和理论基础，有较强的表达沟通能力，能带来行业最新资讯和项目。

（五）校内实训条件建议

表26　校内实训室配置表

序号	实训室名称	主要仪器设备		工位数	场地要求	可开设的实训项目	主要实训成果
		名称	数量				
1	数字媒体实训室	计算机	61	60	面积：150平方米。采光：良好。电力：满足实训要求。	主要实训项目：蒙太奇剪辑实训、预告片制作实训、音乐短片制作实训、广告片制作实训、微电影制作实训。	设计方案、作品等。
		路由器	20				
		增强型千兆三层交换机	20				
		三层交换机	20				
		网管服务器	1				
		在线学习平台服务器	1				

（六）其他教学资源配置

本课程在"学习通"教学平台开设了网络课堂，提供了课程全套教学文件、电子教案、教学视频、习题库、案例库等教学资源，方便学生课后随时随地开展自主学习。利用网络课堂设置任务点，可以了解学生的学习进度；利用网络课堂提交作业或进行测试，可及时掌握学生的学习效果；还可以利用网络课堂，引导学生到与课程相关的网站补充知识。

五、考核评价标准

（一）考核方案

本课程考核由过程考核和期末终结性考核两部分组成。平时过程性考核由平时表现（考勤、课堂互动等）及平时阶段性考核（作业、实训等）组成，期末终结性考核的主要形式采用综合性技能操作考核，根据技能抽查标准，从题库中选题进行考核。

表27　考核方案

考核环节		考核内容（项目）	考核方法	比例
过程考核	1	考勤	旷课一节扣2分，迟到、早退扣1分	10
	2	作业（理论题和技能项目）	学生互评 网络问卷 任课教师评价	60

续表

考核环节		考核内容（项目）	考核方法	比例
终结考核	1	技能抽查题库	任课教师评价 学生互评	30
合计				100%

（二）考核标准

课程考核标准采用百分制，分为优秀、良好、合格三个等级，其中优秀在90～100 分，良好在 80～89 分，合格在 60～79 分，60 分以下为不合格，具体考核标准如表 28 所示。

表 28　考核标准

考核环节		考核内容（项目）	优秀标准	良好标准	合格标准
过程考核	1	考勤	没有缺勤情况	缺勤 5% 以下	缺勤 10% 以下
	2	作业	按时提交作业，作业平均 90 分，没有缺交作业。	作业平均 80 分，缺交作业 2 次以内。	作业平均 70 分，缺交作业 4 次以内。
终结考核	1	技能抽查题库	根据题目要求进行创意设计，作品完整，能正确表现主题思想，画面构成及表现方式具有创意；配乐流畅、恰当；视频转场自然，特技运用得当，字幕清晰，符合作品风格；导出设置正确，文件命名规范。	作品完整，较好地完成了题目要求，能正确表现主题思想；配乐恰当；视频转场自然，特技运用基本得当，字幕清晰，基本符合作品风格；导出设置正确，文件命名规范。	作品基本达到题目要求，作品较完整；配乐流畅；有使用视频转场和特技，字幕清晰；导出设置正确，文件命名规范。

"虚拟现实应用开发"课程标准

课程名称：虚拟现实应用开发

课程代码：045197

课程类型：专业核心课程

开课时间：第 4 学期

适用专业：数字媒体应用技术专业

学　　时：64 学时（理论课学时数：32 学时，实践课学时数：32 学时）

学　　分：4 学分

一、课程概述

（一）课程的性质

"虚拟现实应用开发"课程是数字媒体应用技术专业的一门专业核心课程。VR 虚拟现实技术作为一种最为强大的人机交互技术，一直是信息领域研究开发和应用的热点方向之一。本课程立足于 VR 的"3I"特性，从技术和应用两个方向全面系统地讲述了 VR 的基础理论和实践技能，包括 Unity 3D 引擎的基本使用和应用案例介绍。通过本课程的学习，使学生熟悉 Unity 3D 引擎的使用技巧和方法，理解 VR 程序开发的基本思路和流程，为后续的 VR 综合开发应用奠定基础。

与其他课程的衔接：前置课程包括"图形图像处理""网络动画设计"，后置课程包括"新媒体应用开发"等。

（二）课程设计思路

"虚拟现实应用开发"课程根据虚拟现实行业的特点，精心选择了九大方面的内容，具有针对性与实用性，通过深入探讨和剖析，并不断练习，从而让学生掌握 Unity 引擎开发项目的能力，具备从事虚拟现实项目设计、制作、调试等工作技能。本课程立足于通过 Unity 3D 软件制作虚拟现实应用，从技术和应用两个方向全面系统地讲授虚拟现实的基础理论和实践技能。本课程根据三维虚拟现实应用开发制作职业岗位的要求，结合"1＋X"虚拟现实开发工程师职业资格证技能标准，教学内容涵盖 Unity 虚拟引擎开发基础和 VR 综合案例开发两大部分。围绕不同类型的 VR 综合项目案例，课程教学将采用"理论实践一体化"教学模式，以案例式教学与项目教学为导向，以三维虚拟现实产品设计制作的典型工作任务为主线划分内容模块，并确定 10 个学习情境，分别是：了解三维虚拟现实、构建虚拟交互场景模型、设计角色动作动画、设计制作 VR 特效、交互程序开发、设计交互访问界面、发布三维虚拟产品。

二、课程培养目标

（一）总体目标

本课程立足于培养德、智、体、美全面发展，具有良好职业道德和人文素养，掌握虚拟现实、增强现实技术相关专业理论知识，具备虚拟现实、增强现实项目虚拟场景搭建以及交互功能设计与开发等能力，从事虚拟现实、增强现实项目设计、开发、调试等工作的高素质技术技能人才。通过本课程系统学习，掌握 Unity 3D 引擎软件应用以及游戏脚本开发方面的专业知识，具有独立完成 VR 应用项目设计开发的能力。

（二）具体目标

根据"虚拟现实应用开发"课程所面对的工作任务和职业能力要求，本课程的教学目标为：

1. 知识目标

（1）了解 VR 系统及 VR 开发流程；

（2）熟悉 Unity 3D 引擎及开发环境；

（3）了解游戏美术资源制作的常用技术；

（4）熟悉 Unity 脚本的基础语法；

（5）熟悉 Unity 图形界面系统；

（6）熟悉 Unity 粒子系统的使用；

（7）掌握物理引擎的原理与使用；

（8）熟悉动画系统及光照系统；

（9）熟悉导航网格寻路系统；

（10）熟悉虚拟现实经典处理技术等；

（11）掌握 Unity 常用脚本 API。

2. 能力目标

（1）通过完成游戏地图制作项目，学生能运用地形编辑系统结合常用游戏对象，来完成 Unity 虚拟交互场景的搭建。

（2）通过完成闯关游戏项目，学生能运用游戏组件及常用 unity 脚本 API，来完成 Unity 跑酷类小游戏的设计与制作。

（3）通过完成射击类游戏项目，学生能运用 unity 脚本程序开发及 Unity 的各模块系统，根据游戏制作的规范流程来完成 unity 场景搭建、游戏特效制作、UI 界面设计与制作、角色动画控制、脚本程序开发等，实现 Unity 3D 综合游戏的设计与制作。

（4）通过完成设计三维虚拟展厅项目，学生能运用虚拟现实典型处理技术来完成 Unity 3D 三维场景的视觉优化。

（5）根据综合 VR 案例项目实践，学生能运用之前所学的数字图片编辑、设计构成、信息版式设计、网络动画、三维动画制作的知识与虚拟现实应用开发相结合完成虚拟现实项目的制作。

3. 素质目标

（1）树立正确的学习态度，掌握良好的学习方法，培养良好的自学能力；

（2）培养学生不怕困难，勇于攻克难关，自强不息的优良品质；

（3）通过本课程的学习，培养学生求真务实、严谨、规范的工作作风和团队协作精神；

（4）提高学生的职业素养，发掘学生自主学习、创造性劳动、自我拓展的品质，提高社会适应能力。

三、课程教学内容

表 29 "虚拟现实应用开发"课程教学内容设计表

序号	学习任务（项目）	子任务（子项目）	教学内容	课时数（理论/实践）	教学要求（知识点、能力点、素质点）	教学方式（教学方法、教学手段）	教学场地
1	虚拟现实概述	虚拟现实应用案例分析	1. VR 的概念及特点； 2. VR 的系统组成及关键技术； 3. VR 的分类； 4. VR 的应用领域及发展趋势。	2	1. 掌握 VR 的基本概念、特征及实现原理； 2. 能区分 VR \ AR \ MR； 3. 能对 VR 的应用进行分析。	教学方法：板书与多媒体教学结合，项目案例与理论结合，线上视频案例＋线下面授精讲多练与讨论结合的方法。媒介资源：教材、教案、多媒体视频。	理实一体教室、校内实训基地、网络教学平台。

续表1

序号	学习任务（项目）	子任务（子项目）	教学内容	课时数（理论/实践）	教学要求（知识点、能力点、素质点）	教学方式（教学方法、教学手段）	教学场地
2	Unity基础	搭建一个简单场景	1. 认识 VR 系统； 2. Unity 开发环境的搭建与配置； 3. 创建游戏对象； 4. 操作游戏对象。	2	1. 认识 VR 系统； 2. 认识 Unity 引擎； 3. 熟悉 Unity 开发环境的搭建与配置； 4. 掌握游戏对象的基本操作。	教学方法：板书与多媒体教学结合，项目案例与理论结合，线上视频案例＋线下面授精讲多练与讨论结合的方法。媒介资源：教材、教案、多媒体视频。	理实一体教室、校内实训基地、网络教学平台。
3	虚拟现实交互场景创建	游戏地图制作	1. 光照技术； 2. 摄像机； 3. 天空盒； 4. 地形系统； 5. 音效应用。	6	掌握虚拟现实交互场景的创建技术的理论知识与实现，如摄像机、天空盒、地形等。	教学方法：板书与多媒体教学结合，项目案例与理论结合，线上视频案例＋线下面授精讲多练与讨论结合的方法。媒介资源：教材、教案、多媒体视频。	理实一体教室、校内实训基地、网络教学平台。
4	Unity脚本程序基础	脚本综合案例—闯关游戏	1. Unity 脚本介绍； 2. 创建并运行脚本； 3. 常用脚本 API； 4. 脚本综合案例； 5. PlayMaker 可视化编程。	10	1. 掌握 Unity 脚本核心概念及面向对象编程思想； 2. 掌握 Unity 脚本的基础语法； 3. 熟悉 Unity 脚本的创建；熟悉脚本及可视化编程的使用方法。	教学方法：板书与多媒体教学结合，项目案例与理论结合，线上视频案例＋线下面授精讲多练与讨论结合的方法。媒介资源：教材、教案、多媒体视频。	理实一体教室、校内实训基地、网络教学平台。
5	图形界面系统	UI综合案例	1. UGUI 概述； 2. UGUI 控件； 3. 综合案例训练。	6	掌握 UGUI 的界面控制和交互事件处理。	教学方法：板书与多媒体教学结合，项目案例与理论结合，线上视频案例＋线下面授精讲多练与讨论结合的方法。媒介资源：教材、教案、多媒体视频。	理实一体教室、校内实训基地、网络教学平台。

续表 2

序号	学习任务（项目）	子任务（子项目）	教学内容	课时数（理论/实践）	教学要求（知识点、能力点、素质点）	教学方式（教学方法、教学手段）	教学场地
6	粒子系统	游戏特效制作	1. 粒子的创建；2. 粒子系统界面；3. 粒子特效练习案例。	6	掌握粒子系统的创建及使用，实现游戏特效效果。	教学方法：板书与多媒体教学结合，项目案例与理论结合，线上视频案例＋线下面授精讲多练与讨论结合的方法。媒介资源：教材、教案、多媒体视频。	理实一体教室、校内实训基地、网络教学平台。
7	物理引擎	射击游戏案例	1. 刚体；2. 碰撞体；3. 物理材质；4. 射线；5. 综合案例训练。	8	1. 掌握刚体及碰撞体的概念、关系与使用方法；2. 熟悉物理材质；3. 掌握射线的作用。	教学方法：板书与多媒体教学结合，项目案例与理论结合，线上视频案例＋线下面授精讲多练与讨论结合的方法。媒介资源：教材、教案、多媒体视频。	理实一体教室、校内实训基地、网络教学平台。
8	动画系统	游戏角色控制案例	1. 动画系统概述；2. 使用人形角色动画；3. 动画控制器；4. 人形动画的重定向应用。	6	1. 掌握人形角色动画的基本理论与使用方法；2. 动画控制器的使用及重定向功能。	教学方法：板书与多媒体教学结合，项目案例与理论结合，线上视频案例＋线下面授精讲多练与讨论结合的方法。媒介资源：教材、教案、多媒体视频。	理实一体教室、校内实训基地、网络教学平台。
9	虚拟现实典型处理技术	三维虚拟展厅搭建	1. 全局光照技术；2. 导航网格寻路；3. 寻路案例训练。	6	1. 熟悉全局光照技术的原理及作用；2. 掌握导航网格寻路技术的应用。	教学方法：板书与多媒体教学结合，项目案例与理论结合，线上视频案例＋线下面授精讲多练与讨论结合的方法。媒介资源：教材、教案、多媒体视频。	理实一体教室、校内实训基地、网络教学平台。

续表3

序号	学习任务（项目）	子任务（子项目）	教学内容	课时数（理论/实践）	教学要求（知识点、能力点、素质点）	教学方式（教学方法、教学手段）	教学场地
10	VR综合案例开发	AR/VR虚拟展厅设计制作	1. 游戏架构； 2. 环境设定； 3. 界面制作； 4. 场景设计； 5. 主体控制； 6. 测试发布。	12	1. 掌握VR产品开发的流程以及游戏需求分析方法； 2. 掌握游戏的构思与设计方法； 3. 掌握不同平台游戏发布技术。	教学方法：板书与多媒体教学结合，项目案例与理论结合，线上视频案例＋线下面授精讲多练与讨论结合的方法。媒介资源：教材、教案、多媒体视频。	理实一体教室、校内实训基地、网络教学平台。

四、课程实施建议

（一）教材的选用及编写建议

《Unity 5.X从入门到精通》，Unity Technologies主编，ISBN 9787113210472，中国铁道出版社，2016年1月。

教材体现了任务驱动、实践导向的课程设计思想。教材编写符合本课程标准，以项目为载体实施教学，是一本专门介绍Unity 3d技法的书。从软件基础到实践案例项目选取科学，符合该门课程的课程目标，通过让学生在完成项目过程中逐步提高职业能力，实践性和应用性强，配套数字资源丰富。

必须依据本课程标准编写教材。充分体现任务引领、实践导向课程设计思想。教材体现先进性、通用性、实用性。反映新技术、新工艺，典型产品和服务的选择科学，体现地区产业特点。教材应该充分体现以岗位为目标，以任务为引领的课程设计思路。教材编写应基于工作流程，打破原有按照指示体系结构编写的模式，弱化陈述性知识所占比重，突出具体工作任务中的流程和时间经验。本课程的教材还可选用近五年出版的全国优秀的高职高专教材，建议选用与企业合作编写的基于工作过程的教材，选取可参照以下要求：

1）依据本课程所制定的"课程内容和要求"选取教材；

2）教材应充分体现任务引领，引入必须的理论知识，增加实践操作内容，强调理论在实践过程中的应用；

3）教材应该图文并茂，提高学生的学习兴趣；

4）教材内容的组织应以任务组织、目驱动的原则，随同教材配备电子教案、多媒体教学课件和多媒体素材库等，便于组织教学。

教材选编遵循以下原则：

（1）适宜性原则

教材编写的案例要适合课程目标，难度递增更要适宜学生水平发展。编写教材体现任务驱动、实践导向的课程设计思想。

（2）成长性原则

充分利用工学结合企业资源，结合新技术发展，不断更新和提升教材选择案例。

（3）信息化原则

教材编写应该是立体化教材，应能充分利用网络途径发布数字资源，让教师充分利用信息化教学途径开展教学。

（二）教学参考书推荐建议

《Unity 官方案例精讲》，Unity Technologies 主编，ISBN 9787113202354，中国铁道出版社，2015 年 4 月。

《Unity AR/VR 开发：从新手到专家》，王寒等主编，ISBN 9787111584636，机械工业出版社，2017 年 12 月。

《虚拟现实（VR）交互程序设计》，杨秀杰等主编，ISBN：978－7－5170－7348－2，中国水利水电出版社，2019 年 1 月。

（三）主要教学方法与手段建议

教学中突出"任务驱动教学""典型案例教学""作品展示""竞赛展示"等教学方法。高等职业教育应该培养具有大量专业技术知识和操作技能兼备的高素质技术技能人才。为此，改变传统的教学方法，引入先进的教学理念，强化技能训练，实现与专业岗位的无缝连接。

1. 任务驱动教学

根据虚拟现实行业人才需求的特点，依据职业岗位对应的工作任务，分解出职业岗位技能要求。本课程依据涉及的工作领域及工作任务，选取具有综合性、可扩展性，给学生以足够的发挥空间的任务，在教师的指导和带领下，要求学生完成。学生拿到任务后首先对任务内容进行分析，在教师的指导下制订完成计划，确认工作方法和工具，开始实施任务，任务完成后根据任务标准检查任务完成情况，最后依据检查结果对任务内容进行改进，从而提升学生虚拟现实交互功能开发能力。

2. 典型案例教学

本门课程因为技术性强、需要较强的动手能力，所以选取了典型的案例进行教学。

3. 竞赛展示

鼓励学生参加由行业、企业或学院组织的各种技能大赛，利用优秀作品展示，增加学生对该学科的学习兴趣。

（四）课程教学团队建议

校内专任教师是双师型教师，掌握教师基本职业能力外，还需拥有信息化教学设计能力、组织能力，以及信息化教学所需的教学资源的制作能力。

兼职教师要具有丰富的实践经验，掌握大量的工程案例资源，具有一定的教学能力，特别是网络信息化教学能力。

（五）校内实训条件建议

表30　教学环境与实训条件需求表

序号	实训室名称	主要仪器设备		工位数	场地要求	可开设的实训项目	主要实训成果
		名称	数量				
1	虚拟现实实训室	计算机	57	56	面积：120平方米。采光：良好。电力：满足实训要求。	主要实训项目：三维场景建模、虚拟场景渲染、交互程序设计、虚拟现实综合训练。	（报告、设计、记录、作品等）
		路由器	20				
		增强型千兆三层交换机	20				
		三层交换机	20				
		图形工作站	4				
		投影仪	1				
		功放	1				
		无线话筒	1				

（六）其他教学资源配置

通过"学习通""智慧职教"等教学平台，不断丰富专业教学资源库建设，提供"虚拟现实应用开发"课程全套教学文件、电子教案、教学课件、教学视频、习题库、相关考试大纲及题库等教学资源，丰富课程教学内容、教学方法和教学手段，方便学生开展自主学习。利用电子教案、教学课件、视频进行辅助教学，在线答疑等师生互动方式，能够提高教学效果；利用习题库、相关考试题库可进行教学知识和技能的自我测评。

五、考核评价标准

（一）考核方案

"虚拟现实应用开发"课程采用多元化评价，结合职业素养、过程考核和结果考核进行评价。本课程技能操作性较强，因此以综合性技能考查为主。教学效果评价采取过程性评价与终结考核两种方式进行，突出"过程考核与综合考核相结合，理论与实践考核相结合"，由过程考核评价和终结考核评价组成。过程考核与终结考核的权重比为 6：4。

终结性考核，是指在期末，由老师指定虚拟现实制作项目或由学生自选虚拟现实制作项目进行设计制作的综合性考核（占总成绩的 40％）。过程考核，包括对每个学习模块进行的项目考核（占总成绩的 40％）和对平时学习表现的考核（占总成绩的 30％）。

表 31 "虚拟现实应用开发"课程考核方式

考核内容	考核方式		权重
终结性考核	综合技能考试：根据命题案例制作，通过提交作品评定成绩	根据命题，设计创意	10％
		最终作品效果	15％
		技能操作难度和熟练程度	10％
	职业素养	严谨性、设计原创意识、设计态度	5％
	小计		40％
过程考核	模块实训＋阶段性测试	作品效果	15％
		实训态度	5％
		操作熟练程度	5％
		职业素养	5％
	小计		30％
平时考核		作业完成情况	15％
		出勤情况	10％
		线上互动	5％
	小计		30％
总　计			100％

（二）考核标准

1. 期末考核

期末考试主要以引入实际设计案例，在规定考试范围和时间内要求学生完成并提交作品的形式来进行。期末考试最终评分标准主要是：综合设计创意、最终作品效果、技能操作难度和熟练程度三方面。占考试总成绩的 40％。

表 32 "虚拟现实应用开发"课程期末作品考核标准

	考核点	权重（%）	考核标准		
			优秀（86～100 分）	良好（70～85 分）	及格（60～69 分）
综合项目考核	1. 设计创意	20%	主题鲜明，设计感强、有创意，主题表达明确。	主题表达明确，有一些设计想法，简单的创意表现。	主题较明确，内容表达清晰，设计感弱。
	2. 作品效果	30%	作品完整，虚拟交互场景空间布局合理，模型结构、材质贴图表现准确。游戏特效和 UI 应用合理，交互设计功能丰富合理，运行稳定、流畅，运行效果好。	作品完整，虚拟现实场景视觉表现较为准确、光影氛围较好，游戏特效和 UI 应用比较协调，交互较好，整体效果较好。	作品基本完成，整体效果一般。
	3. 技术应用	40%	素材处理恰当，虚拟交互场景布局搭建合理，视觉效果好，交互功能实现流畅合理，能综合运用合适的工具和技术完成作品。	素材处理恰当，场景布局应用基本合理，视觉效果较好，交互实现较好，能综合运用合适的工具和技术完成作品。	能用软件工具和技术基本完成项目任务。
	4. 职业素养	10%	虚拟交互场景合理，工程管理清晰、命名规范，脚本编写规范。	场景布局、工程层次、命名等较为规范，脚本编写较为合理。	工程管理正确但不够规范，交互脚本编写不够规范。

2. 实训项目考核

本课程安排本就以工作过程为引导，以项目实践为主。平时模块实训和阶段性的测试纳入最终期末成绩。平时项目训练和阶段性的测试会根据学习内容教师命题学生提交作品的形式考核。根据作品效果、实训态度、操作熟练程度三方面综合评分。占考试总成绩的 30%。

表 33 "虚拟现实应用开发"课程项目考核标准

考核点	权重（%）	考核标准		
		优秀（成绩范围）	良好（成绩范围）	及格（成绩范围）
1. 作品效果	40%	作品完整，效果突出。（86～100 分）	作品完整，效果一般。（70～85 分）	能完成作品。（60～69 分）
2. 实训态度	20%	操作练习态度认真，按时、优秀地完成实训作业。（86～100 分）	操作练习态度较认真，能按时完成实训作业。（70～85 分）	能根据要求进行操作练习，基本能完成实训作业。（60～69 分）

续表

考核点	权重（%）	考核标准		
		优秀（成绩范围）	良好（成绩范围）	及格（成绩范围）
3. 操作熟练程度	40%	熟悉所学模块要求的软件使用方法，并能举一反三，使用到别的所需的项目实践中。（86～100分）	掌握所学模块要求掌握的软件技能，且能较好的完成技能操作练习。（70～85分）	基本了解所学模块要求掌握的软件技能，能完成技能操作训练。（60～69分）
合计	100%			

3. 平时考核

平时考核情况也将纳入最终考核成绩，以作业完成情况、出勤情况、线上互动、线上任务完成情况四个方面综合评分。占考试总成绩的30%。

表34 "虚拟现实应用开发"课程平时成绩考核标准

考核点	权重（%）	考核标准		
		优秀（成绩范围）	良好（成绩范围）	及格（成绩范围）
1. 作业完成情况	40%	按时、优秀地完成作业。（86～100分）	按时按质的完成作业。（70～85分）	按时完成作业。（60～69分）
2. 出勤情况	30%	没有缺勤情况；学习态度认真，听从教师安排。（86～100分）	缺勤10%以下，学习态度较认真，听从老师安排。（70～85分）	缺勤30%以下听从老师安排。（60～69分）
3. 线上互动	15%	线上互动充分，完成所有的线上讨论和提问。（86～100分）	线上互动良好，基本完成线上讨论和提问。（70～85分）	线上互动一般，完成部分线上互动和讨论。（60～69分）
4. 线上任务完成情况	15%	线上任务全部完成。（86～100分）	线上任务完成80%。（70～85分）	线上任务完成70%。（60～69分）
合计	100%			

六、其他

由于课程涉及的知识面较多，Unity 3D开发引擎功能强大，为了更好地展现虚拟现实项目的开发应用，建议以虚拟现实的具体应用领域为蓝本，结合职业竞能大赛及相关的VR\AR开发大赛开设配套的实训课程，鼓励和提供条件支持更多学生参加含金量高的相关学科竞赛，以赛促教、以赛促学。

在具体的教学内容中，均采用实践课方式，建议全部教学均在教学一体化实训室进行，采用先讲后练、边讲边练、学做合一的方式开展。

"用户界面设计"课程标准

课程名称：用户界面设计

课程代码：045196

课程类型：专业核心课

开课时间：第 5 学期

适用专业：数字媒体应用技术专业

学　　时：52 学时（理论课学时数：26 学时，实践课学时数：26 学时）

学　　分：3 学分

一、课程概述

"用户界面设计"这门课程的开设是因为随着数字媒体迅速成为社会信息传播的主要方式，数字媒体信息技术产业是一个新兴的产业群，依托数字化平台，多媒体产业已经形成。其中，在数字产品，数字媒体的使用以及传播环境中，人机交互设计与界面艺术设计作为提高产品效力与吸引力、强化品牌印象、提升用户体验质量的重要手段与方法，也越来越引起人们的重视，已成为近来设计界和计算机界最为活跃的研究方向，具有广阔的市场前景。也正由于数字媒体用户界面设计方面的人才稀缺，人才资源竞争激烈，并且目前全国交互艺术设计专业的系统教学很少，即使有部分高校开设了相关课程，但仍然是沿用了平面设计的理念和方法，在传统的设计理念和方法上简单地加上数字媒体技术，对于这些特点我们有针对性地对本专业人才培养目标做有益补充，完善课程内容。

（一）课程的性质

由于用户界面设计师的工作目标使其必须精通 Photoshop、Illustrator、Flash、3DMAX 等图形软件，html、Dream weaver 等网页制作工具，具备良好的审美能力、深厚的美术功底，有较强的平面设计和网页设计能力，所以前导课程是设计构成、图形图像处理、网页设计制作、数字影视特效、三维动画设计课程，并且开设在第 5 学期，课程内容是基于用户界面设计市场的需求，以及用户界面设计岗位需求，掌握对软件的人机交互、操作逻辑、界面美观的整体设计能力，最终目的是整合本专业前导课程所学全部技能并结合数字媒体视觉相关的项目设计制作出完整的用户界面设计作品，本课程属于专业综合性核心课程。

（二）课程设计思路

本课程必须开设在设计构成、图形图像处理、网页设计制作、数字影视特效、三维动画设计课程之后才能更好的使本专业学生通过这门课程的学习结合前导课程所学的技能设计并制作出完整的交互艺术设计作品。原因如下：由于市场的需求，基用户界面设计的工作过程及工作任务可分为以下5点，相关公司又根据这5点工作任务制定了相应的工作岗位（包括产品策略师、用户研究员、UI设计师、视觉设计师），而根据工作任务的侧重点不同而这4个岗位的工作人员安排上也有所不同。如图3所示：

角色

图3 用户界面设计对应工作岗位

（1）教学分析

本课程的教学分析确定本课程的线上教学内容、教学目标、重点知识、难点知识、拓展知识，过程分析如图4。

（2）教学模式的建设

本课程以提升学生职业核心能力为教学研究目标，打破教授、点评式的教学模式，用智慧职教平台在"用户界面设计"课程中构建多元融合的"线上＋线下"的SPOC混合式教学模式，在课程教学的整个过程中形成课前、课中、课后一个完整的线上闭环，360度环绕着线下课堂进行立体教学，以望能挖掘学生的设计与制作能力，促进学生的知识与应用转化，培养和提升学生高级思维能力。具体如图 5。

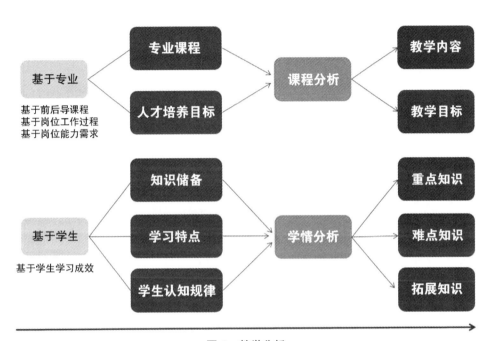

图 4　教学分析

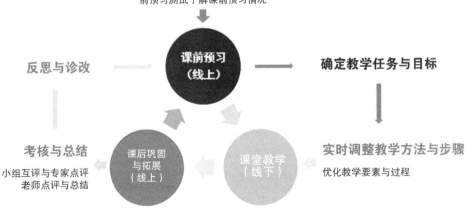

图 5　线上＋线下教学模式

（3）教学方法的改革

数字媒体应用技术专业主要培养具备复合知识结构、创新意识、有较高实践能力的 UI 设计制作人才，课程所涉及的内容属于跨学科、跨专业、跨课程领域，所以如何在有限的人才培养周期内构建脉络清晰、主次先后有序的知识结构，以及选择合理的既符合行业企业需求又能涵盖本专业所学技能的项目案例是难度较大的系统工程，所以本课题基于项目模块教学法将理论知识融入其中，和以学生为中心的分组、分项目、校内校外专兼职教师共同指导的综合实训，最终并采用项目答辩，各导师和学生共同评价的混合式教学模式以及高职技能专业的特点对"用户界面设计"课程进行教学方法的改革建设。

（4）线上课程资源的开发

本次课程在原有的课程建设基础上进行课程资源的优化与重建，建设的课程资源形式有：课程授课计划、授课教案、微课视频、PPT 课件、章节测试、训练项目和拓展训练项目等。

其中线上教学视频和项目案例的引用是制作关键。线上教学视频，应遵循学生移动学习行为的特点，将知识点颗粒化，制作的线上教学视频时间应控制在 15 分钟以内。一个视频只讲解一个知识点，所有的内容都要为讲述这个知识点服务。尽量发挥图片和动画的作用，使课程有趣味性，只有课程内容对学生有吸引力的情况下，学生才会主动学习课程。教学视频要背景干净简洁，无关信息不要出现在画面上，以免分散学习者的注意力。项目案例应紧跟行业技术的发展，依据金课和国家级线上课程标准进行筛选和准备，并科学合理地用于教学设计过程中去。

（5）线上评价体系的设计

将评价体系分为线上和线下评价两个部分，形成一种过程评价与效果评价相结合、学生评价与教师评价相结合的多维度考核体系。线上评价体系包括两方面：一是 SPOC 线上学习记录评价，即对课程的在线学习时间、活跃度等统计分析；二是 SPOC 线上学习效果评价，即对学生在线单元练习和测试的成绩进行统计分析。线上评价体系依托互联网和大数据的优势，对学生在线学习时间、在线提问、参与问题讨论的活跃度、在线完成单元练习等情况进行统计分析，给出客观的评价。

二、课程培养目标

（一）总体目标

本课程的总体培养目标是培养具有较高的交互艺术创意与设计理论素养，掌握互动媒体的基本理论和基本技能，能收集和分析各种相关软件用户群的需求，提出构思新颖、有高度吸引力的交互艺术创意设计；能对页面进行优化，使用户操作更趋于人性化，并能熟练运用 Photoshop、Illustrator、AE、3DMAX 等多种图形软件和互动技术完成软件界面和图标的美术设计、创意工作和制作工作。

（二）具体目标

1. 知识目标

（1）了解 UI 设计、信息图形设计、信息图标设计、用户界面设计、UED 设计的概念，学生能够区分他们之间的区别与联系，掌握 UIJ 界面设计的行业中的对应岗位需求。

（2）了解信息图形的交流设计原则、信息图形的美学设计原则、信息图表的媒介形式的学习，学生能够掌握信息图形、信息图表、信息图表的设计与制作方法，完成相应作品。

（3）了解信息图标设计的应用价值原则、设计特点，信息图标的传达概念及设计定位的学习，学生能够掌握信息图标的设计与制作方法，完成相应作品。

（4）了解二维设计表达中的光与影知识、交互界面的材质效果表达技巧的学习，学生能够掌握材质界面的设计与制作方法，完成相应作品。

（5）了解交互界面设计的特点与分类、布局模式以及设计流程的学习，学生能够掌握网页界面的设计与制作方法，完成相应作品。

（6）了解信息图简历设计的特点与主题分类，以及设计方法的学习，学生能够掌握个人信息简历的设计与制作方法，完成相应作品。

（7）了解 UI 设计的特点与主题分类，以及制作方法的学习，学生能够掌握个人信息简历的设计与制作方法，完成相应作品。

2. 能力目标

（1）通过数字媒体视觉艺术设计课程的相关知识点的学习，学生能在短时间内掌握交互艺术设计的设计法则，具备能设计出具有创意性的用户界面设计产品的能力。

（2）通过了解用户界面设计的设计方法与行业发展动向，具备应用现代传媒业经营管理模式和运行机制以及数字媒体的发展方向的能力。

（3）通过数字媒体视觉艺术设计理论的学习，培养本专业学生具有较高的艺术创意与设计理论素养，掌握互动媒体的基本理论和基本技能，具备收集和分析各种相关软件用户群的需求，提出构思新颖、设计有高度吸引力的创意作品的能力。

（4）通过了解和掌握页面优化设计方法，使用户操作更趋于人性化。具备能熟练运用 Photoshop、Illustrator、Flash、3DMAX 等多种图形软件和互动技术完成软件界面的美术设计、创意工作和制作工作的能力。

3. 素质目标

（1）培养学生的艺术和设计修养以及艺术设计工作热情。

（2）培养学生的抗压能力、职业修养以及职业道德。

（3）培养学生的用户界面设计发散性以及以人为本的思想意识。

（4）培养学生的严谨务实、终身学习、不断进取的职业行为和意识习惯。

（5）培养学生的具有前台界面设计与后台程序设计之间的团队合作精神。

三、课程教学内容

学习任务（项目）描述、内容排序、要求及学时分配见表 35：

表 35 "用户界面设计"课程教学内容设计表

学习任务（项目）	子任务（子项目）	教学内容	课时数（理论/实践）	教学要求（知识点、能力点、素质点）	教学方式（教学方法、教学手段）
模块一：第1章用户界面视觉设计概述	1.1 交互信息图形设计概念	1.1—01：理解 UI 设计概念	2	知识：理解信息设计的 6 个交流原则包括 AIDA 模式、LATCH 模式、倒金字塔写作原则、熟悉度之最小努力原则、熟悉度之降低不确定感理论、内容而非风格的原则内涵。素质：具有严谨务实、团队合作的意识。能力：能够掌握信息设计的美学设计原则并能灵活应用于交互艺术设计中。	教学方法：板书与多媒体教学结合，项目案例与理论结合，线上视频案例＋线下面授精讲多练与讨论结合的方法。媒介资源：教材、教案、多媒体视频。
		1.1—02：理解信息图形设计概念			
		1.1—03：理解信息图标设计概念			
		1.1—04：理解用户界面设计概念			
		1.1—05：理解 UCD 设计思想			
	1.2 信息设计的交流原则	1.2—01：AIDA 模式	2		
		1.2—02：LATCH 模式			
		1.2—03：倒金字塔写作原则			
		1.2—04：熟悉度之最小努力原则			
		1.2—05：熟悉度之降低不确定感理论			
		1.2—06：内容而非风格的原则			

续表 1

学习任务（项目）	子任务（子项目）	教学内容	课时数（理论/实践）	教学要求（知识点、能力点、素质点）	教学方式（教学方法、教学手段）
模块二：第2章信息图标设计与制作	2.1 信息图表的媒介形式	微课 2.1—01：静态信息图表	2	知识：理解静态信息图表、动态信息图表、视频信息图表、可点击的信息图表、交互式信息图表的设计原理。素质：具有严谨务实、团队合作的意识。能力：能够掌握信息图表的各种媒介表现方法，并将这些设计要领应用于 UI 设计中。	教学方法：板书与多媒体教学结合，项目案例与理论结合，线上视频案例＋线下面授精讲多练与讨论结合的方法。媒介资源：教材、教案、多媒体视频。
		微课 2.1—02：动态信息图表			
		微课 2.1—03：视频信息图表			
		微课 2.1—04：可点击的信息图表			
		微课 2.1—05：交互式信息图表			
	2.2 信息设计的美学原则	2.2—01：结构之网格系统	4		
		2.2—02：结构之层次			
		2.2—03：易读性之文字设计			
		2.2—04：字体易读性的关键因素			
		2.2—05：字体可读性的关键因素			
	2.3 APP按钮制作	2.3—01：音乐功能APP按钮制作			
	3.1 二维设计中的光与影表达	微课 3.1—01：光线的入射方式	2	知识：理解二维设计中光线的入射方式、光线强度、光线的反射、投影的类型、投影与环境的表达方式。素质：具有严谨务实、团队合作的意识。能力：能够掌握信息图标的设计程序与方法，并能灵活应于交互艺术设计中。	教学方法：板书与多媒体教学结合，项目案例与理论结合，线上视频案例＋线下面授精讲多练与讨论结合的方法。媒介资源：教材、教案、多媒体视频。
		微课 3.1—02：光线强度			
		微课 3.1—03：光线的反射			
		微课 3.1—04：投影的类型			
		微课 3.1—05：投影与环境			
	3.2 信息图标的设计程序与方法	3.2—01：信息图标的应用价值	2		
		3.2—02：信息图标的特点			

续表2

学习任务（项目）	子任务（子项目）	教学内容	课时数（理论/实践）	教学要求（知识点、能力点、素质点）	教学方式（教学方法、教学手段）
	3.3 信息图标设计风格	3.2—03：信息图标传达概念与设计定位	2	知识：理解二维设计中光线的入射方式、光线强度、光线的反射、投影的类型、投影与环境的表达方式。素质：具有严谨务实、团队合作的意识。能力：能够掌握信息图标的设计程序与方法，并能灵活应于交互艺术设计中。	教学方法：板书与多媒体教学结合，项目案例与理论结合，线上视频案例＋线下面授精讲多练与讨论结合的方法。媒介资源：教材、教案、多媒体视频。
		3.2—04：信息图标的图形选择与提炼			
		3.2—05：信息图标的数字化表现与设计方法			
		3.2—06：信息图标的规范与创新			
		3.3—01：扁平化设计	2		
		3.3—02：拟物化设计			
	3.4 游戏界面图标制作	3.4—01：游戏界面中书籍图标的制作	2		
模块三：第4章交互界面设计与制作	4.1 用户界面的材质效果表现	微课 4.1—01：不透明高反光材质	4	知识：理解二维设计中光线的入射方式、光线强度、光线的反射、投影的类型、投影与环境的表达方式。素质：具有严谨务实、团队合作的意识。能力：能够掌握用户界面的要素设计原理，并能灵活地将这些原理应用于交互界面设计产品中。	教学方法：板书与多媒体教学结合，项目案例与理论结合，线上视频案例＋线下面授精讲多练与讨论结合的方法。媒介资源：教材、教案、多媒体视频。
		微课 4.1—02：不透明亚光材质			
		微课 4.1—03：不透明低反光材质			
		微课 4.1—04：透明材质			
		微课 4.1—05：自发光材质			
	4.2 用户界面产品策划	4.2—01：竞争产品分析	2		
		4.2—02：图形界面设计的创意分析			
	4.3 用户界面的要素设计	4.3—01：视觉要素设计	4		
		4.3—02：听觉要素设计			

续表3

学习任务（项目）	子任务（子项目）	教学内容	课时数（理论/实践）	教学要求（知识点、能力点、素质点）	教学方式（教学方法、教学手段）
	4.3 用户界面的要素设计	4.3—03：情感要素设计	4	知识：理解二维设计中光线的入射方式、光线强度、光线的反射、投影的类型、投影与环境的表达方式。素质：具有严谨务实、团队合作的意识。能力：能够掌握用户界面的要素设计原理，并能灵活地将这些原理应用于交互界面设计产品中。	教学方法：板书与多媒体教学结合，项目案例与理论结合，线上视频案例＋线下面授精讲多练与讨论结合的方法。媒介资源：教材、教案、多媒体视频。
		4.3—04：行为要素设计			
		4.3—05：行为要素设计			
		4.3—06：时间要素设计			
	4.4 移动终端用户界面制作	4.4—01：移动终端登录界面制作	4		
		4.4—02：苹果手机界面制作			
		4.4—01：微网站界面制作			
模块四：交互艺术设计综合项目设计应用——《交互信息图简历设计》	5.1 信息图简历设计	微课 5.1—01：什么是信息图简历	4	知识：理解什么是信息图简历，信息图简历的时间轴设计，信息图简历的相关经历设计，信息图简历的基于地理位置的设计，信息图简历的公司标志和图标，信息图简历的软件图标设计。素质：具有严谨务实、团队合作的意识。能力：能够掌握信息简历设计的技巧和原则，灵活应用于交互艺术设计项目中。	教学方法：板书与多媒体教学结合，项目案例与理论结合，线上视频案例＋线下面授精讲多练与讨论结合的方法。媒介资源：教材、教案、多媒体视频。
		微课 5.1—02：信息图简历设计——时间轴设计			
		微课 5.1—03：信息图简历设计——相关经历设计			
		微课 5.1—04：信息图简历设计——基于地理位置的设计			
		微课 5.1—05：信息图简历设计——公司标志和图标			
		微课 5.1—06：信息图简历设计——软件的图标			
		微课 5.1—07：信息图简历设计形式——独立式的信息图简历			

续表4

学习任务 （项目）	子任务 （子项目）	教学内容	课时数 （理论/ 实践）	教学要求 （知识点、能 力点、素质点）	教学方式 （教学方法、 教学手段）
模块四： 交互艺术 设计综合 项目设计 应用—— 《交互信 息图简历 设计》	5.1信息图 简历设计	微课 5.1—08：信息 图简历设计形式—— 文本和信息图结合的 简历设计	4		
		微课 5.1—09：信息 图简历设计形式—— 在 iPad（或平板电 脑）上的信息图简历			
模块五： 交互艺术 设计综合 项目设计 应用—— 《手机主 题图标设 计》	6.1手机主 题 UI 设计	6.1—01：联想手机 主题设计内容要求	4	知识： 理解分析手机简约商 务主题，手机女性主 题，手机生活小清主 题设计特点。 素质： 具有严谨务实、团队 合作的意识。 能力： 能够掌握各种风格各 种主题的手机 UI 设 计技巧，灵活应用于 交互艺术设计项目 中。	教学方法：板书与 多媒体教学结合， 项目案例与理论结 合，线上视频案例 ＋线下面授精讲多 练与讨论结合的方 法。 媒介资源：教材、 教案、多媒体视 频。
		6.1—02：OPPO-mb 主题设计内容要求			
		6.1—03：华为手机 主题设计内容要求			
		6.1—04：手机简约 商务主题设计			
		6.1—05：手机女性 主题设计			
		6.1—06：手机生活 小清主题设计			
模块六： 交互艺术 设计综合 项目设计 应用—— 《电子智 能手表主 题 UI 设 计》	7.1电子智 能手表主题 UI 设计	7.1—01：果壳电子 智能手表主题 UI 设 计内容要求与制作	4	知识： 理解分析电子智能手 表主题 UI 设计特 点。 素质： 具有严谨务实、团队 合作的意识。 能力： 能够掌握电子智能手 表主题 UI 设计流程 和制作技巧；灵活应 用于交互艺术设计项 目中。	教学方法：板书与 多媒体教学结合， 项目案例与理论结 合，线上视频案例 ＋线下面授精讲多 练与讨论结合的方 法。 媒介资源：教材、 教案、多媒体视 频。 课堂分析 JPG 图片 ＋视频
		7.1—02：电子智能 手表主题 UI 设计欣 赏与制作			

续表5

学习任务（项目）	子任务（子项目）	教学内容	课时数（理论/实践）	教学要求（知识点、能力点、素质点）	教学方式（教学方法、教学手段）
模块七：交互艺术设计综合项目设计应用——《APP设计制作》	8.1APP设计与制作	8.1—01：电影app界面动效制作 8.1—02：家具风格app界面动效制作	4	知识：理解分析APP界面和动效设计特点。素质：具有严谨务实、团队合作的意识。能力：能够掌握APP界面和动效设计流程和制作技巧；灵活应用于交互艺术设计项目中。	教学方法：板书与多媒体教学结合，项目案例与理论结合，线上视频案例＋线下面授精讲多练与讨论结合的方法。媒介资源：教材、教案、多媒体视频。课堂分析JPG图片＋视频
模块八：交互艺术设计综合项目设计应用——《VR游戏界面设计》	9.1VR游戏界面设计理论	9.1—01：VR游戏界面设计风格 9.1—02：VR游戏界面设计特点 9.1—03：VR游戏界面设计技巧 9.1—04：VR游戏界面设计设计原则及制作流程	4	知识：理解信息图标传达概念与设计定位。素质：具有严谨务实、团队合作的意识。能力：能够掌握游戏界面图标的制作流程和软件制作技巧，能绘制出复古风格的游戏界面图标。	教学方法：板书与多媒体教学结合，项目案例与理论结合，线上视频案例＋线下面授精讲多练与讨论结合的方法。媒介资源：教材、教案、多媒体视频。课堂分析JPG图片＋视频

四、课程实施建议

（一）教材的选用及编写建议

（1）教材必须符合数字媒体技术行业能力需求和本课程培养目标，重点针对职业能力进行项目内容的设计，针对职业岗位进行内容模块的划分。

（2）教材的教学内容要注意基础性、启发性、应用性和拓展性相结合，符合高职数字媒体应用技术专业学生的特点；教材应按实际工作案例组织编写内容，注意技术和艺术的结合，重在培养学生的创新思维和专业技能。

（3）目前暂无教材，由于技术更新过快，实践项目全是真实案例，市面上没有符合其课程标准的相应教材，所有教学资源由一线设计师和任课老师商定并提交教研组，收入教学资源库中备案。

（二）教学参考书推荐建议

表 36　教学参考书推荐表

作者	教材名称	出版社	出版时间
高金山	UI 设计必修课：游戏＋软件＋网站＋APP 界面设计教程（全彩）	电子工业出版社	2017 年 7 月
李晓斌	UI 设计必修课：交互＋架构＋视觉 UE 设计教程（全彩）	电子工业出版社	2017 年 9 月
王　铎	新印象 解构用户界面设计	人民邮电出版社	2019 年 1 月
李万军	UI 设计必修课：Sketch 移动界面设计教程（全彩）	电子工业出版社	2017 年 9 月
毕康锐	UI 动效大爆炸——After Effects 移动 UI 动效制作学习手册	人民邮电出版社	2018 年 8 月
高金山	UI 设计必修课：游戏＋软件＋网站＋APP 界面设计教程（全彩）	电子工业出版社	2017 年 7 月

（三）主要教学方法与手段建议

本课程属于数字媒体应用技术专业的专业核心课程，主要培养具备复合知识结构、创新意识、有较高实践能力的 UI 设计制作人才，课程所涉及的内容属于跨学科、跨专业、跨课程领域，所以如何在有限的人才培养周期内构建脉络清晰、主次先后有序的知识结构，以及选择合理地既符合行业企业需求又能涵盖本专业所学技能的项目案例是难度较大的系统工程。所以本课程基于项目模块教学法将理论知识融入其中，和以学生为中心的分组、分项目、校内校外专兼职教师共同指导的综合实训，最终并采用项目答辩，各导师和学生共同评价的混合式教学模式以及高职技能专业的特点对"用户界面设计"课程进行教学方法的改革建设。

本次课程在原有的"用户界面设计"课程建设基础上进行课程资源的优化与重建，建设的课程资源形式有：课程授课计划、授课教案、微课视频、PPT 课件、章节测试、训练项目和拓展训练项目等。

其中线上教学视频和项目案例的引用是制作关键。线上教学视频，应遵循学生移动学习行为的特点，将知识点颗粒化，制作的线上教学视频时间应控制在 15 分钟以内。一个视频只讲解一个知识点，所有的内容都要为讲述这个知识点服务。尽量发挥图片和动画的作用，使课程有趣味性，只有课程内容对学生有吸引力的情况下，学生才会主动学习课程。教学视频要背景干净简洁，无关信息不要出现在画面上，以免分散学习者的注意力。项目案例应紧跟行业技术的发展，依据金课和国家级线上课程标准进行筛选和准备，并科学合理的用于教学设计过程中去。

（四）课程教学团队建议

教师团队应由专任教师、行业专家、技术骨干等数字媒体技术领域的专业从业人员组成，他们需要有丰富的业务知识和技能水平，需要从事过相应的岗位工作经验，并有成功的案例支撑，所以建议加强校企合作，引进真实的项目案例，并为该课程的长远建设建立涵盖平面设计、用户界面设计、三维制作、UI特效、视频后期合成、移动应用制作、程序应用开发等领域的教师资源。校内专任教师也需不定期地学习与补充自身的行业知识与业务实践能力。

1. 对校内专职教师的要求：

担任本课程的主讲教师需要熟练掌握用户界面设计项目行业制作的相关知识，具备一定的数字媒体项目和UI设计开发的能力和经验，同时应具备较丰富的教学经验和课堂组织能力。

（1）具备数字媒体应用技术基础理论知识；

（2）具备应用图像处理软件进行图形制作和图像处理的能力，并具备一定的平面设计项目设计与制作水平；

（3）具备用户界面设计产品相关的竞品分析、用户研究，用户模型制定的前期分析研究能力；

（4）具备应用数字媒体制作软件进行用户界面视觉设计制作的能力；

（5）具备数字影视编辑软件进行UI动效作品的制作和处理能力，并具备一定的数字影音动效作品的项目设计与开发水平；

（6）具备应用数字媒体交互平台处理软件进行交互展示和制作的能力，并具备一定的数字媒体交互平台项目设计与开发水平。

2. 对校内（外）兼职教师的要求：

（1）熟悉学校教学工作，能教书育人，为人师表，热爱教育事业；

（2）有丰富实践经验的实践专家、平面设计、UI设计行业内骨干，能胜任受聘课程的教学任务；

（3）能带来行业最新资讯和项目，通过行业内实际项目的练习，带领学生实现课堂与市场设计零距离。

（五）校内实训条件建议

本课程以项目实践＋小组合作的形式进行课程的教学实施，采用项目驱动的形式进行课程内容的制作，采用小组宣讲的形式进行项目的验收和课程的考核，所以在教学环境和实训条件上都应配备满足教学需求的相关硬件和相应的软件，比如实训桌、数字作品（新媒体）展示系统、台式电脑、摄影摄像设备、数字媒体相关软件等，其相关参数如表 37 所示：

表 37　教学环境与实训条件需求表

实训室名称	主要仪器设备		工位数	场地要求	可开设的实训项目	主要实训成果
	名称	数量				
网站开发实训室	计算机	57	56	面积：150 平方米。采光：良好。电力：满足实训要求。	主要实训项目：用户界面设计构成、用户界面规划设计、移动用户界面开发与管理、移动项目推广与优化训练等。	（报告、设计、记录、作品等）
	图形工作站	1				
	投影仪	1				
	功放	1				
	无线话筒	1				

（六）其他教学资源配置

通过"学习通""智慧职教"等教学平台，不断丰富"用户界面设计"课程教学资源库建设，提供"用户界面设计"课程全套教学文件、电子教案、多媒体教学课件、教学视频、习题库、相关考试大纲及题库等教学资源，丰富课程教学内容、教学方法和教学手段，方便学生开展自主学习。利用电子教案、教学课件、视频进行辅助教学，在线答疑等师生互动方式，能够提高教学效果；利用习题库、相关考试题库可进行教学知识和技能的自我测评。另外提供以下软件安装文件，如表 38 所示。

表 38　软件安装资源

	名称	版本要求
软件	Windows 7	64 位
	Microsoft Office	最新版
	Adobe Illustrator	最新版
	Coreldraw X4	最新版
	Adobe Photoshop	最新版
	Adobe Dreamweaver	最新版
	Autodesk 3DS Max	最新版
	VRay	最新版
	Unity3D	最新版
	CINEMA 4D	最新版
	Adobe Premiere	最新版
	Adobe Audition	最新版
	Adobe After Effects	最新版

五、考核评价标准

（一）考核方案

由于"用户界面设计"课程是以设计方法与技能操作为主的课程，实践性强。考核学生的实际动手操作与设计能力最为重要，而设计制作完整作品需要较长时间的拟定创意方案，分析用户，收集整理素材阶段。所以本课程考核方式主要以项目考核为主。期末考试主要以引入实际设计案例，要求学生完成并提交作品的形式来进行。期末考试最终评分标准主要是：综合设计创意、最终作品效果、技能操作难度和熟练程度三方面。占考试总成绩的40%。

本课程安排本就以工作过程为引导，以项目实践为主。平时模块实训练习成绩也将纳入最终期末成绩。根据作品效果、实训态度、操作熟练程度三方面综合评分。占考试总成绩的30%。

平时考核情况也将纳入最终考核成绩，以作业完成情况、出勤情况、课堂问答、课堂纪律四个方面综合评分。占考试总成绩的30%。

课堂考核包括：

1. 学习态度评价：无迟到早退、无缺课，听课认真，勤学苦练，按时完成作业；进行项目宣讲时的语言组织能力和团队意识。

2. 任务完成质量评价：每次任务都符合规定要求、知识点、重点、难点涵盖在任务内中，作品美观大方并符合行业需求。

期末考核包括：

1. 知识与技能评价：能完成小组分配的各种项目环节任务，并最终表现完整、主题正确、美观大方、符合行业需求。

2. 过程与方法评价：操作技能熟练，作品有知识拓展、设计创新。

3. 职业素养评价：团队合作意识强、无抄袭，态度认真。

考核具体情况如表39所示：

表39　课程考核方式

考核环节	考核内容（项目）		考核方法	比例
平时考核	出勤情况		10%	30%
	课堂问答		10%	
	课堂纪律		10%	
过程考核	课前	预习在线测试的平均分（每次测试结束系统自动评分）	10%	30%
		个人课前在线预习作业完成情况的平均分		

续表1

考核环节	考核内容（项目）		考核方法	比例
过程考核	课中	小组互评的小组平均分。	10%	30%
		企业专家点评的小组平均分。		
		老师点评的小组平均分。	10%	
	课后	课后在线测试的平均分。（每次测试结束系统自动评分）		
		个人课后作业完成情况的平均分。		
终结考核	期末作业	以真实的数字媒体交互艺术项目命题完成一套完整的综合性大作业，最终通过提交作品评定成绩。	40%	40%
合计				100%

（二）考核标准

表40　课程考核标准

考核环节	考核内容（项目）		优秀标准	良好标准	合格标准
过程考核	1	32个手机图标设计与制作	主题鲜明，设计感强，有创意，主题表达明确，符合人性化设计原则。（86～100分）	主题表达明确，有一点的设计想法，简单的创意表现，基本符合人性化设计原则。（70～85分）	主题明确，内容表达清晰，有设计意识。（60～69分）
	2	交互信息图简历设计与制作	作品构成感强，画面清晰完整，布局模式合理，颜色搭配协调美观，色彩符合主题要求，设计语言能明确传达主体信息，作品有强烈的艺术性、实用性和科学性。（86～100分）	作品构图完整，画面清晰，主题表达明确，颜色搭配协调，有一定的设计感觉，作品有一定的艺术性和实用性。（70～85分）	作品画面构图完整，能清晰表达主题，色彩运用恰当。（60～69分）
期末考核	1	VR游戏界面设计	综合运用3个复杂软件工具以上，设计具有一定的原创性，素材处理对原始图片保留完整；能综合运用合适的工具和严格按设计流程制作。（86～100分）	综合运用2个以上复杂软件工具，素材处理对原始图片损坏较小；能正确使用工具完整表达设计概念。（70～85分）	基本完成项目任务，软件工具使用、设计处理合适。（60～69分）

续表

考核环节	考核内容（项目）		优秀标准	良好标准	合格标准
期末考核	2	APP界面、动效设计与制作	有一定的团队合作意识，但贡献不明显，没有独立完成项目制作环节能力。	有一定的团队合作意识、无抄袭并独立完成，态度认真。	团队合作意识强、无抄袭并独立完成，态度认真。

第三部分

专业技能考核标准

数字媒体应用技术专业技能考核标准

一、专业名称及适用对象

（一）专业名称

数字媒体应用技术（专业代码：610210）。

（二）适用对象

高职全日制在籍毕业年级学生。

二、考核目标

（一）测试学生专业技能素养。依据本专业人才培养方案和工作岗位任务要求，设置数字图像编辑与制作、数字影视后期制作、富媒体网页设计制作、三维虚拟现实制作四个技能考核模块，测试学生的软件操作技术、图形图像处理技术、数字影视制作技术、网页设计及动画制作能力、三维模型及交互制作能力，以及从事数字媒体技术岗位的职业素养。

（二）引导与推动教育教学改革。通过职业院校专业技能抽查考试标准的制定和实施，引导我院数字媒体应用技术专业教学改革发展方向，促进工学结合人才培养模式改革与创新，培养可持续发展、满足企业与事业单位需求的数字媒体应用技术高技能人才。

（三）检查教学质量。通过职业院校专业技能抽查考试标准的制定和实施，检验我院数字媒体应用技术专业实践教学方面的教学质量，确定高职院校实践教学质量评价体系，为我院的数字媒体应用技术专业的办学水平和教学质量提供一个评判依据。

三、考核内容

根据国家数字媒体应用技术专业标准和学院的人才培养方案，制定覆盖本专业主要知识点、技能点和职业素养要求的技能考核方案。该方案的主要考核内容包括数字图像编辑与制作、数字影视后期制作、富媒体网页设计制作、三维虚拟现实制作。主要考查学生文案策划及创意视觉设计能力、图形图像处理及平面设计能力、网页设计及动画制作能力、音视频剪辑、编辑、后期合成以及特效制作能力、三维动画及虚拟交互制作等能力。考核内容及模块项目设置如图 6 所示。

数字图像编辑与制作	数字影视后期制作	富媒体网页设计制作	三维虚拟现实制作
作品策划与设计技能； 图片区域选择技能； 图形图像绘制和调整技能； 图像颜色调整和处理技能； 版面设计与制作技能； 文字的编辑与处理技能； 作品特效与调整合成技能	音频处理技能； 视频特效处理技能； 视频转接技巧处理技能； 剪辑技巧处理技能； 合成技巧处理技能； 字幕设计制作技能； 作品渲染输出技能	网站策划与设计技能； 网页布局与制作技能； CSS样式的创建与应用技能； 表单界面的创建技能； 模板设计与应用技能； 网页链接的创建技能	三维物体建模技能； 材质贴图制作技能； 镜头相机设置技能； 关键帧动画设计制作技能； 交互动画设计制作技能； 渲染设置技能； 灯光设置技能； 作品渲染输出及后期处理技能
测试项目： 楼盘海报设计制作； 商品宣传彩页制作； 企业形象设计制作	**测试项目：** 音乐MV制作； 商品广告短片制作； 企业宣传片制作	**测试项目：** 网站页面设计制作； 企业网站设计制作	**测试项目：** 三维产品模型制作； 三维场景模型制作； 三维漫游动画效果制作； 三维虚拟交互动画制作

图 6　考核内容及模块项目设置

模块一　数字图像编辑与制作

要求能够根据"数字图像编辑与制作"项目应用需求和设计要求，运用数字图像编辑知识、软件技术和制作方法，对源素材进行编辑加工，完成图形图像作品的设计、制作、合成，并提交项目作品和相关技术文档。

1. 基本要求

本模块包括 7 个技能要点，具体要求如下：

（1）作品策划与设计。

编号：J-1-1

基本要求：能根据项目要求，进行项目主题的创意策划，确定作品风格、表现形式及制作方式。根据项目内容要求进行创意设计，作品能正确表现主题思想，画面构成及表现方式具有创意。并撰写简单的设计文案，完整描述作品的策划内容和设计创意。

（2）图片区域选择。

编号：J-1-2

基本要求：能基本根据创意设计，进行抠图等图片素材的区域选择操作。图片区域选择效果较完整、符合设计需求；选区、选择、魔棒等工具运用和操作正确。

（3）图形图像绘制和调整。

编号：J-1-3

基本要求：能根据设计创意，使用钢笔、画笔等图形图像绘制工具进行所需图形图像绘制，图形图像造型准确、完整、有设计感，符合设计策划要求。可以熟练使用变形、编辑工具对图形图像进行进一步调整和变形，使其符合作品的设计需求。

（4）图像颜色调整和处理。

编号：J-1-4

基本要求：能根据设计创意，对图像的颜色进行调整，色阶、色彩平衡等调色工具使用熟练、准确。颜色调整符合作品整体风格，能实现作品所需效果。

（5）版面设计与制作。

编号：J-1-5

基本要求：能根据创意需求设计较合理的构图与版式，能较合理地利用图片、图形等元素，熟练使用移动、排版等工具组织画面。能使用骨骼、均衡、对比等设计构成方法实现版面构成，构成方式合理且能凸显主题。

（6）文字的编辑与处理。

编号：J-1-6

基本要求：能根据作品主题与画面构成选择恰当的字体进行文字编排，并根据作品表现需要设计字体、制作文字特效。文字的选择和字体设计方式正确，风格、效果搭配合理，字体设计和组织编排效果自然，有一定的设计感。

（7）作品特效与调整合成。

编号：J-1-7

基本要求：能根据作品画面实现特效表现，实现最终合成。增效工具、图层样式、滤镜等工具选择正确，合成效果和谐自然。

2. 操作规范与职业素养要求

在项目完成过程中遵守规则，文件命名较规范，文件整理较清晰，场地较为整洁，举止文明，遵守规则，文档较完整。

模块二 数字影视后期制作

要求能够根据"数字影视后期制作"项目应用需求和设计要求，运用数字影视后期制作软件对数字图片、音频、视频、字幕等原素材进行编辑加工和特效制作，完成视频片头片尾、镜头剪切、转场、字幕、音效等制作，后期合成和渲染输出等工作，提交数字影视作品和相关技术文档。

1. 基本要求

本模块包括7个技能要点，具体要求如下：

（1）音频处理

编号：J-2-1

基本要求：能完成声音剪辑、多轨混音、声音美化、降噪、合成输出等声音处理工作任务，基本实现声音的各种技术处理，输出的声音基本实现流畅、音质优美的效果。

（2）视频特效处理

编号：J-2-2

基本要求：能完成视频画面特效的处理技巧（如色调处理技巧：色彩校正、图像控制、光效制作等；画面处理技巧：滤镜、色彩、通道、蒙版、图层叠加、抠像技术、跟踪技术等）；动效制作技巧：图形元素的绘制、动画、效果设计、颜色处理与搭配等。

（3）视频转场技巧处理

编号：J-2-3

基本要求：能基本完成有技巧转场（如淡入淡出、闪白、划像等技巧）和无技巧转场（如空镜头转场、特写转场、相似体转场等）技巧来完成视频的转场技巧处理。

（4）剪辑技巧处理

编号：J-2-4

基本要求：能基本完成镜头语言技巧的表达（如素材选取与景别搭配等），能遵循镜头剪辑规律来进行的镜头的剪辑；能合理、有效地表现出视频所需的内部节奏和外部节奏。

（5）合成技巧处理

编号：J-2-5

基本要求：能灵活运用一种或多种蒙太奇手法来表现短片内容、思路清晰、逻辑性强，主题表达清晰到位；能正确处理声音与画面的匹配，没有无意义画面和声画不同步、不匹配现象。

（6）字幕设计制作

编号：J-2-6

基本要求：能完成作品中字幕基本格式设置（字体、字号、位置、特效等），动态字幕制作，字幕模板的运用。

（7）作品渲染输出

编号：J-2-7

基本要求：能完成视频输出与保存（尺寸设置、品质设置、格式设置、源素材归档等）。

2. 操作规范与职业素养要求

在项目设计制作过程中要求正确命名提交的文件，源文件资料归档整理基本规范，举止文明，遵守规则。

模块三　富媒体网页设计制作

要求能够根据"富媒体网页设计制作"项目应用需求和设计要求，运用网页设计知识、软件技术和制作方法，对网站进行策划，对图片等原素材进行编辑加工，完成网页设计、网页内容的布局、表单界面的创建、CSS 样式的应用、网页模板的创建与应用、创建链接等工作，并提交网站中的所有相关文件和文件夹。

1. 基本要求

本模块包括 6 个技能网站策划与设计要点，具体要求如下：

（1）网站策划与设计

编号：J-3-1

基本要求：网站主题明确，导航条栏目设置合理；网页较美观，色彩搭配恰当，网页风格符合项目特点，网站整体风格统一；能正确创建 Dreamweaver 本地站点，文件命名规范，目录结构和链接结构基本合理。

（2）网页布局与制作

编号：J-3-2

基本要求：能采用表格或 DIV＋CSS 的方式完成网页的内容排版，结构清晰合理，代码正确，页面内容完整。

（3）CSS 样式的创建与应用

编号：J-3-3

基本要求：能按照项目要求，创建 CSS 样式，并应用于指定的内容；能为页面其他内容创建 CSS 样式并进行美化；CSS 样式类型选择合理，命名规范，应用正确。

（4）表单界面的创建

编号：J-3-4

基本要求：能根据项目要求，设计相应的表单界面并正确创建；表单元素选择恰当，属性设置正确；表单界面整洁美观。

（5）模板设计与应用

编号：J-3-5

基本要求：能根据项目要求，创建网页模板，模板命名规范，可编辑区域设置基本合理；能正确应用模板完成指定网页的制作。

（6）网页链接的创建

编号：J-3-6

基本要求：能根据项目要求，在指定的网页中互相创建链接，并对页面中的其他链接文本和图片，创建空链接。

2. 操作规范与职业素养要求

在项目设计制作过程中要求文件命名较规范，目录结构较清晰，场地较为整洁，举止文明，遵守规则。

模块四 三维虚拟现实制作

本模块以典型企业应用项目为背景，要求能够根据"三维效果制作"项目应用需求和设计要求，运用三维设计知识、软件技术和制作方法，对图纸照片、场景源文件、贴图素材、光域网文件等原素材进行编辑加工，完成三维模型制作、材质贴图制作、相机设置、关键帧动画设计制作、人机交互动画设置、灯光设置、测试渲染和后期处理等工作，提交三维效果作品和相关技术文档。

1. 基本要求

本模块包括 8 个技能要点，具体要求如下：

（1）三维物体建模

编号：J-4-1

基本要求：能根据项目要求和提供的图纸、照片，根据物体形态特点正确选择建模方法，完成三维模型建立工作任务。模型形态结构正确，布线合理，位置和比例协调一致。

（2）材质贴图制作

编号：J-4-2

基本要求：能根据项目要求和提供的图纸、照片，根据物体材质属性正确选择材质类型和贴图方法，完成材质贴图工作任务。贴图纹理表现合理，材质表现符合自然特征。

（3）镜头相机设置

编号：J-4-3

基本要求：能根据项目镜头表现要求，正确选择摄像机类型，调整摄像机位置，设置摄像机参数。镜头表现合理，能实现三维效果画面表现需求或交互显示需求。

（4）关键帧动画设计制作

编号：J-4-4

基本要求：能根据项目的具体要求，合理设计镜头表现按照运动规律和镜头表现要求，设置物体和相机的关键帧动画，完成动画表现工作任务。动画自然顺畅，符合运动规律，镜头语言表达合理。

（5）渲染设置。

编号：J-4-5

基本要求：能根据项目需求、项目时长要求和机器配置实际，合理设置渲染测试和渲染出图参数，在规定时间内完成效果图或视频的渲染工作。参数设置正确，渲染效率较高。

（6）灯光设置

编号：J-4-6

基本要求：能根据项目要求和提供的图纸、照片，分析场景灯光构成，合理选择灯光类型，合理调整灯光位置，设置强度、颜色、衰减等参数。灯光设置符合布光流程，布光完整，光影效果较好。

（7）作品渲染输出及后期处理

编号：J-4-7

基本要求：能按项目要求格式正确输出文件，作品各项参数符合规范，渲染效果较好。能根据设计意图和项目要求，运用图像与视频后期制作软件或虚拟现实软件对三维输出的作品进行调整，提升表现效果。

（4）交互动画设计制作

编号：J-4-8

基本要求：能根据项目的具体要求，合理搭建三维虚拟现实场景，设置场景中的交互效果，完成指定的交互功能并打包发布输出运行文件；虚拟现实场景搭建合理，交互程序运行流畅。

2. 操作规范与职业素养要求

在项目设计制作过程中要求正确命名提交的文件，源文件资料归档整理规范，模型材质文件命名规范，举止文明，遵守规则。

四、评价标准

序号	考察模块	等级标准		说　明
		合格	不合格	
1	数字图像编辑与制作模块	图像素材处理美观；技能考核点掌握熟练，能根据题目要求按质量完成技能点的考核内容；整体输出及展示效果完整。	图像素材处理不美观；整体输出及展示不符合行业规范。	

续表

序号	考察模块	等级标准		说　明
		合格	不合格	
2	数字影视后期制作模块	按方案要求进行制作，字幕字体和风格颜色合理协调、特效真实自然，镜头衔接流畅合理，声音层次清晰效果真实、声画同步，作品完整，输出格式正确，整体效果较好。	未按方案制作，字幕字体不合理，风格老套，颜色不协调，特效不真实不自然，脱离主题、整体风格不统一，镜头景别不准确衔接不流畅、声画分离、声音合成模糊失真、作品不完整、画面模糊、播放不流畅。	根据所抽查专业注册学生名单，按照规定的抽签程序。所有参加抽查考核的学生，必须凭学生证和身份证进入考场。各考点为考生随机确定一个抽查号，以确定考生的座位号或工位号。待主考官统一宣布考试试题后，所有考生必须单独完成考试内容。学生完成测试后，由评委评审打分。
3	富媒体网页设计制作	图像素材处理美观；网页设计美观，符合需求，符合行业规范；基本完成项目制作。	图像素材处理不美观；网页设计不符合需求，不符合行业规范；没有完成项目。	
4	三维虚拟现实制作	模型制作完整规范，材质贴图设置正确，动画效果表现正确，渲染画面效果较好，交互效果制作正确，测试项目运行正常。	模型制作不完整不规范，材质贴图设置不正确，动画效果未能实现，渲染画面效果不好，交互效果没有实现，测试项目无法正常运行。	

五、组考方式

根据专业技能基本要求，本专业技能抽查设计了四个模块，其中数字图像编辑与制作模块 18 套、数字影视后期制作模块 18 套、富媒体网页设计制作模块 10 套、三维虚拟现实制作模块 10 套，共 56 套试题。抽查时，要求学生能按照相关操作规范独立完成给定项目任务，并体现良好的职业精神与职业素养。

本专业技能考核为现场操作考核，具体方式如下：

（一）模块抽取

本专业技能考核标准的四个模块均为必考模块。参考学生按规定比例随机抽取考试模块。各模块考生人数按四舍五入计算，剩余的尾数考生随机在四个模块中抽取应试模块。

（二）试题抽取

确定学生考试模块后，参加考试的学生，从对应模块的试题库中随机抽取一套试题，学生按试卷中给定测试项目的要求，在规定的时间内独立完成该项目的设计、制作，提交作品与相关技术文档。

抽查场次根据考生人数结合场地条件具体安排，参考学生安排在同一场次完成，工位号由考生在考试前候考时抽签确定。

本专业技能抽查考试每场测试时间为 180 分钟。考试场地由教育厅指定，考点提供多媒体计算机设备、制作软件和相关素材。不允许考生自带存储介质、软件和相关资料。

六、依据标准

本专业标准主要依据的计算机行业国家技术标准及行业标准如下表所示：

序号	标准号	中文标准名称
1	GB \ T 11460—2009	汉字字型要求与检测方法
2	GB \ T 16965—2009	超媒体 \ 时基结构化语言
3	GB \ T 8567—2006	计算机软件文档编制规范
4	GB \ T 18232—2000	计算机图形和图像处理规程
5	GB \ T 20090—2006	信息技术先进音视频编码
6	CJJ \ T 157—2010	城市三维建模技术规范
7	DB22/T 2224—2014	三维数字动画生产技术要求
8		多媒体作品制作员国家职业标准

第四部分

附 专业调研报告

湖南大众传媒职业技术学院数字媒体应用技术专业人才培养方案修订调研报告（2020 年）

一、调研目的

根据教育部《关于职业院校专业人才培养方案制（修）订与实施工作的指导意见》（教职成〔2019〕13 号）、教育部职成司《关于组织做好职业院校专业人才培养方案制（修）订与实施工作的通知》（教职成司函〔2019〕61 号）的文件精神和湖南省教育厅关于人才培养方案修订工作的相关要求，为进一步明确我院数字媒体应用技术专业学生的培养目标和市场定位，培养具有较强的岗位能力和职业能力的数字媒体技术技能型应用人才，通过调研了解对接在校生、毕业生及行业企业的人才培养需求，提出数字媒体应用技术专业人才培养的总体思路，并为校准及修改 2020 级数字媒体应用技术专业人才培养方案奠定基础。

二、调研对象与方式

（一）调研对象
1. 省内外传媒行业数字媒体领域相关企业。
2. 本学院在校学生及专业毕业生。
3. 省内开设同专业的高职院校。

（二）调研方式
本次调研采用了文献查阅、问卷调查、访谈调研和实地考察等方法，从多层次、多角度对数字媒体应用技术专业所对接的企业的人才需求、毕业生职业发展状况、在校生满意情况开展了详细的调研活动。

1. 文献查阅
为了更好地了解企业对数字媒体应用技术专业人才的需求，从各大招聘网站进行全国大、中、小型企业招聘数字媒体应用技术相关岗位的需求调研。本次调研涉及的网站有：前程无忧（www.51job.com）、智联招聘（www.zhaopin.com）、应届生求职网（www.yingjiesheng.com）、大街网（www.dajie.com）、应届毕业生求职网（www.yjbys.com）、中国人才热线（www.cjol.com）、中华英才网（www.chinahr.com）、猎聘网（www.lietou.com）、湖南人才市场（www.hnrcsc.com）等。

此次调研共收集招聘数字媒体应用技术专业及相关方向的企业共计710家，具体提供的岗位分布如下：平面设计及制作方向岗位138个；影视制作、短视频制作方向岗位203个；网页设计及制作方向岗位98个；三维制作、虚拟现实制作、三维交互内容制作方向106个；数字媒体技术其他方向岗位104个。通过文献查阅的方法，为后续问卷调查和实地考察明确了方向和目标。

2. 问卷调查和线上访谈

随机抽取本专业近三年毕业生（2017届、2018届、2019届）和部分在校学生（2018级、2019级）发放调查问卷。

一方面针对数字媒体应用技术专业往届毕业生和17级应届毕业的工作情况，从工作现状、所学知识和技能的适应情况、对专业的评价、薪资待遇情况、工作发展前景等方面开展了问卷调查和访谈调研。

另一方面，针对在校的18级和19级专业学生开展了对课程设置、课程内容安排、专业教学工作等方面的问卷调研。

此次调研共发放调研问卷615份，回收问卷596份，有效回收率97％。

3. 实地考察及座谈

首先对湖南科技职业技术学院、湖南信息职业技术学院、湖南民政职业技术学院、长沙职业技术学院、湖南机电职业技术学院、湖南工程职业技术学院等省内开设数字媒体应用技术专业的高职院校专业人才培养情况、课程设置情况开展了实地考察或座谈调研，了解目前省内各高职院校数字媒体应用技术专业开设情况。

其次针对湖南拓维信息系统股份有限公司、乐田智作、唯奥传媒、湖南潭州教育网络科技有限公司、自兴人工智能、深圳瑞旗盛世文化传媒有限公司、深圳丝路数字视觉股份有限公司、长沙HTC威爱信息科技有限公司等省内外21家企业对本专业人才需求、岗位设置、岗位技能要求等方面开展了实地考察调研。

最后为了更好地开展数字媒体应用技术专业人才培养方案修订工作，我院组织召开了数字媒体应用技术专业建设研讨会，邀请省内所有开设数字媒体应用技术、虚拟现实技术的专业负责人参讨，与会的高职院校有近二十所。

三、调研过程与分析

（一）调研过程

1. 准备实施阶段

成立调研小组，确定调研活动负责人，确定调研方法、内容和方向，进行小组成员具体分工，构思具体的调研计划，并于 2019 年 10 月开展相关调研文献查阅和资料收集、整理工作，明确具体问卷调查和实地考察的方向和目标。具体分工如表 1 所示：

表 1　成员分工表格

调研事项分工	负责人
调研统筹、调研的具体数据收集及整理、分析	张敬、李辉熠
制订调研问卷、收集网页网站、移动融媒体交互相关数据信息	单瑛遐、钟山
负责收集、整理平面制作、视觉交互设计方面的具体数据	张立里、夏丽雯
负责收集、整理三维制作、影视制作、虚拟交互技术方向的具体数据	周艳梅、张敬

2. 调查研究阶段

（1）原始材料的收集

由各调研方向负责人分析整理相关调研数据，形成岗位需求、课程设置、专业人才培养模式等调研数据原始材料。

（2）形成分析性材料

由各调研方向负责人对原始材料进行分析和整理，提炼总结数字媒体应用技术专业人才培养方案修正的方向，形成数字媒体应用技术专业的岗位描述和岗位职责，并开展相关课程设置的改革。

3. 调研总结阶段

由全体调研小组成员一起完成、修改，并形成数字媒体应用技术专业人才培养方案修订调研报告。

（二）调研分析

1. 对接产业发展现状

我院数字媒体应用技术专业是湖南省一流特色专业群新媒体技术专业群中的核心专业，专业群紧跟新湖南文化产业与传媒行业发展趋势，面向新媒体领域培养新一代信息技术与数字创意人才。随着湖南文化产业与传媒行业在新一代信息技术条件下不断转型升级，新媒体技术领域蓬勃发展。湖南省"十三五"战略性新兴产业规划明确提出，重点发展新一代信息技术与数字创意产业。马栏山文创产业园规划将 MR/AR/AI 技术、软件技术、数据处理技术等技术支撑作为核心产业，2020 年长沙高新区新媒体及信息技术企业总数达31201 家，湖南红网、芒果 TV、天闻数媒、拓维信息等一批非常有影响力的湖南本土新媒体企业不断发展壮大，从新媒体内容采集、新媒体技术处理到新媒体产品传播，新媒体产业链人才需求旺盛。

我专业以数字媒体技术为实现手段对接传媒行业的文化内容生产，目前文化及相关产业保持稳中有进的发展态势。近年来，我国文化产业的增长速度保持在年均 7% 以上。国家统计局资料显示，2017—2018 年全国文化及相关产业增加值占 GDP 比重分别为 4.2%、4.48%，发展空间和潜力持续增长。2019年，文化及相关产业 9 个行业中，新闻信息服务、文化投资运营、创意设计服务分别增长 23.0%、13.8%、11.3%，增速均超过 10%，全国 5.6 万家规模以上文化及相关产业企业营业收入超过 4 万亿，同比增长 7.9%。就湖南区域情况看，2019 年湖南文化产业企业实现营业收入 3351.24 亿元，比上年增长5.4%，其中，文化传播渠道 230.26 亿元，增长 15.1%。一连串数字佐证，在全球经济增速整体放缓的大背景下，文化产业发展实现了逆势增长，呈现持续上升趋势。

湖南文化产业走差异化、特色化发展道路。《湖南省"十三五"时期文化改革发展规划纲要》明确部署，全省将构建"一核两圈三板块"的文化产业发展格局，推进长株潭、大湘西、大湘南、洞庭湖等四大板块差异化、特色化发展。重点支持影视传媒产业、新闻出版产业、动漫游戏产业、文化旅游产业、演艺娱乐产业、工艺美术产业、广告会展产业、创意设计产业、印刷复制产业、体育休闲产业和虚拟现实产业等 11 个优势产业的发展，到 2020 年，力争实现文化和创意产业总产值 7500 亿元，增加值突破 3000 亿元，占 GDP 比重达到 7%。

综合国情、省情来看，具有高附加值的文化创意产业在文化强国、文化强省战略布局下，正稳步向国民经济的支柱产业快速发展，产业的持续快速发展必然需要大量的优秀产业人才来支撑。

2. 专业发展情况分析

(1) 全国专业设置数量

据高等职业院校人才培养工作状态数据采集与管理系统检索显示，2017、2018、2019 年全国开设数字媒体应用技术专业的高职院校数分别为 362、365、391 所。以 2019 年为例，从区域分布情况看，全国共有 31 个省、自治区和直辖市的高职院校开设了该专业，其中主要分布在广东（41 所）、安徽（32 所）、河南（24 所）、四川（25 所）和江苏（24 所），湖南共 12 所，相较于 2017 年的 362 所，新增了 29 所高职院校开设数字媒体应用技术专业。根据系统平台检索发现，2017 年全国高职类数字媒体应用技术专业在校生人数为 46224 人，毕业生就业率为 93％，起薪为 2899 元；2019 年全国高职类数字媒体应用技术专业在校生人数为 64125 人，毕业生就业率为 93.77％，起薪为 3270 元，相较于 2017 年的数据整体迅速上涨，可见市场对该专业的人才需求呈持续上升趋势。

（2）专业办学方向情况

全国现开设数字媒体应用技术专业的 391 所高职院校大都是电子信息大类，主要从广播影视、动漫制作、音像加工、传媒技术、视觉艺术、软件和计算机服务等领域中选择一个或多个方向来对接，如湖南机电职业学院的专业方向是影视技术制作；深圳信息职业技术学院的专业方向分为网页设计与网站开发和交互设计；湖南科技职业技术学院的专业方向是网络艺术设计、人机交互设计；南京信息职业技术学院的专业方向是虚拟现实技术。

（3）专业发展定位

湖南大众传媒职业技术学院是全国第一所高职类的传媒院校，目前共开设 35 个专业，分别对接文化创意产业集群下的广播电视新闻、节目制作、数字出版、广告、艺术设计、影视动画、影视表演、多媒体技术等不同行业，专业细分化程度、与行业对接的紧密度较高。根据学院总体的专业布局规划，为了避免专业定位的同质化和重复化，我专业紧密对接传媒行业数字媒体领域，构建了具专业特色的"3D 工场＋数字媒体项目"人才培养模式。从 2000 年专业申报成立至今，主要针对传媒行业的数字媒体技术的主流工作岗位来确定办学方向，并根据最新情况作动态调整。

3. 专业人才需求规格

通过与用人单位、行业企业负责人、业界专家的访谈，结合毕业生、在校生的调研具体情况，我专业人才的素质、知识和能力要求具体如下：

（1）素质方面

①坚定拥护中国共产党领导和我国社会主义制度，在习近平新时代中国特色社会主义思想指引下，践行社会主义核心价值观，具有深厚的爱国情感和中华民族自豪感；

②崇尚宪法、遵法守纪、崇德向善、诚实守信、尊重生命、热爱劳动，履行道德准则和行为规范，具有社会责任感和社会参与意识；

③具有质量意识、环保意识、安全意识、信息素养、工匠精神和创新思维；

④勇于奋斗、乐观向上，具有自我管理能力、职业生涯规划的意识，有较

强的集体意识和团队合作精神；

⑤具有健康的体魄、心理和健全的人格，掌握基本运动知识和一两项运动技能，养成良好的健身与卫生习惯，良好的行为习惯；

⑥具有一定的审美和人文素养，能够形成一两项艺术特长或爱好。

（2）知识方面

①掌握必备的思想政治理论、科学文化基础知识和中华优秀传统文化知识；

②熟悉与本专业相关的法律法规以及环境保护、安全消防、文明生产等知识；

③掌握创意设计、视觉设计基础知识；

④掌握网页制作及动画设计基础知识；

⑤掌握 3D 建模与动画基础知识；

⑥掌握数字影音合成技术和方法；

⑦掌握程序设计基础知识；

⑧掌握主流虚拟现实软件的基本操作和应用技术；

⑨了解数字内容制作相关的艺术、技术背景知识。

（3）能力方面

①具有探究学习、终身学习、分析问题和解决问题的能力；

②具备良好的语言、文字表达能力和沟通能力；

③具备良好的文案策划、创意设计能力；

④具备良好的图形图像处理和平面设计能力；

⑤具备良好的网络动画设计与制作能力；

⑥具有音视频剪辑、编辑、后期合成以及特效制作能力；

⑦具有一定的三维动画设计和制作能力；

⑧具有根据行业规范和项目需求进行数字影视项目设计及制作的能力；

⑨具有一定的虚拟现实等项目的设计和开发能力；

⑩具有综合运用所学专业知识推理和解决问题、管理时间和资源，以及规划职业生涯的能力。

4. 毕业生职业发展现状

（1）专业就业岗位情况分析

此次调研主要对数字媒体应用技术专业 2019 届毕业生的顶岗实习情况和 2017 届、2018 届毕业生的就业情况进行了全面调研，共发放调查问卷 203 份，回收问卷 196 份，统计结果如图1、图2所示。从调研结果看，学生就业和顶岗实习的岗位主要集中在平面制作、视频制作、三维虚拟、网页及网络动画制

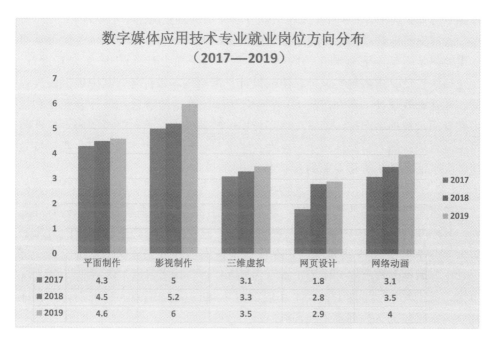

图1 数字媒体应用技术专业就业岗位方向分布

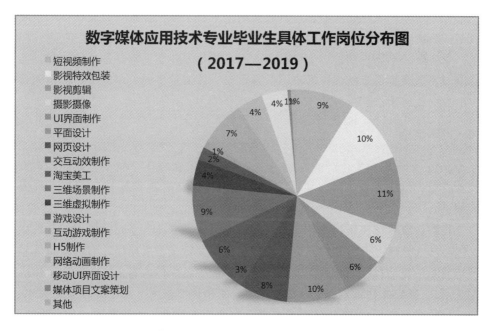

图2 数字媒体应用技术专业毕业生具体工作岗位分布图

作四个方向，与2019年专业人才培养方案确定的就业岗位基本相符。

通过对行业现状与本专业学生就业情况的调研分析，本专业毕业生可从事的主要岗位有数字影视制作、网络动画制作、平面设计、UI界面交互设计、交互动效设计、虚拟现实设计、游戏设计、网页网站设计等，其中虚拟现实设计、交互动效设计、移动产品UI界面交互设计等是随着近几年行业变化和技术发展而出现的新岗位，随着社会和技术的快速发展，移动终端的内容生产将是主流趋势；随着自媒体技术、电商技术的日趋成熟，短视频制作、影视特效包装、平面设计仍然是专业的就业主要方向。

（2）专业就业岗位薪资待遇情况分析

从近三年学生毕业情况来看，大部分学生的薪资水平处在3000～6000之间，其中3000以内的占到调研人数的40％，这主要是因为本次调研的对象有较大部分学生是2017级学生，正在进行顶岗实习并未完全就业，所以有一部分学生实习期并没有拿到实习工资（占到11.4％），实习期工资一般都在3000以内，上班两年后平均工资水平一般都是4000～6000之间。有个别自主创业的收入水平较高，全部都是在8000以上。

5. 人才培养方案满意度

随机对数字媒体应用技术专业2018级、2019级共412名学生针对专业课程设置、课程内容安排、专业教学工作等方面进行网络问卷调查，调研共发放问卷412份，回收问卷400份。从调查结果上看，在校学生对专业整体满意度较高，其中，2018级是94.36％，2019级是93.57％，总体满意度在90％以上。学生反映不满意的地方主要有两方面：一是专业实训室设备老化，实训条件渐渐不能满足学生的训练需求。二是所学专业课程方向太多，想要学精通每一个方向比较困难。

四、调研结论

（一）服务湖南文化产业发展，遵循专业群的新媒体产品专业链规律，发挥核心专业优势，为传媒行业数字媒体技术领域培养高素质复合型技术技能人才。

我院数字媒体应用技术专业是湖南省一流特色专业群新媒体技术专业群中的核心专业，该专业群紧跟湖南文化产业与传媒行业发展趋势，面向新媒体领域培养新一代信息技术与数字创意人才，形成了新媒体内容采集（数字媒体应用技术）、新媒体技术处理（软件技术、计算机网络技术、移动互联应用技术、云计算技术与应用）、新媒体产品传播（电子商务技术）的新媒体产品专业链。群内6个专业同属电子信息大类，通过逐年建设与发展，群内各专业之间的共享机制与联动机制已基本形成，集群效应初步显现。

数字媒体应用技术专业应继续遵循新媒体专业群的产品专业链规律，发挥核心专业优势，做好产品专业链中的新媒体内容采集工作，为行业培养理想信念坚定，德、智、体、美、劳全面发展，具有一定的科学文化水平，良好的人文素养、职业道德和创新意识，精益求精的工匠精神，较强的就业能力和可持续发展的能力，掌握本专业知识和技术技能，面向我国传媒行业数字媒体技术领域的计算机软件工程技术人员、技术编辑、音像电子出版物编辑、剪辑师、动画制作员等职业群，能够从事创意设计、视觉设计、内容编辑、数字影视制作、虚拟现实应用开发等工作的高素质复合型技术技能人才。

（二）遵循培养规律，紧跟行业市场变动，校准课程体系。

从企业调研、往届毕业生、实习生和在校生的调研中发现了几个需要解决的问题，我们需要根据这些问题来校准我专业的 2020 年人才培养培养方案。具体需要解决的问题及分析如下：

1. 企业用人需求发生了变化，从以往的技术能力为第一的首选，转变成对职业道德、人文素养的首选需求，我专业应该在人才培养规格和课程内容设置中进行相应调整。

2. 随着新一代信息技术条件不断转型升级，新媒体技术领域蓬勃发展，新兴的技术，如虚拟现实、交互内容制作的人才需求这两年呈上升趋势；根据学院总体的专业布局规划，为了避免专业定位的同质化和重复化，我专业紧密对接传媒行业数字媒体领域，把技术与艺术相结合的思路进行融合，应加强交互技术制作能力培养，校准专业课程体系，紧跟行业市场变化。

3. 根据毕业生、在校生的问卷反馈结果显示，我专业课程方向比较全面，就业领域广泛，学生就业情况较好，但是无法直接胜任高技能水平的工作岗位，结合其他高校和企业访谈的调研结果，我专业应遵循学生的认知规律和职业发展规律，重新梳理课程培养方向，从全面向精通进行相应调整。

综上所述，课程体系的初步修改构思图如图 9 所示，在实际制订人才培养中再进行相应调整。

（三）对接国家专业标准，立足我院专业办学特点，进行课程名称和课程内容微调。

国家已经制定数字媒体应用技术专业相应标准，从整体看，我专业和国家专业标准区别不大；培养规格和目标上，我专业主要针对的是传媒行业的数字媒体领域，相对来说更加精确并有自身特点。本次人才培养修订，应在基础课程、专业课程上参考国家专业标准的指导思路，统一课程名称，相应的调整某些课程内容，比如程序设计要更加精确到面向对象程序设计，计算机应用数学

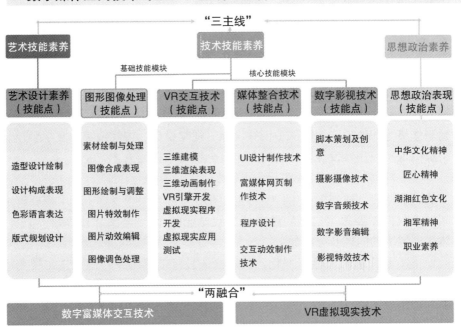

图3　数字媒体应用技术专业"三主线两融合"模块化课程体系初步构思

应侧重线性代数方面的知识等。

（四）引进1＋X证书制度，促进产教融合。

借助"证书制度"带来的机遇和挑战，从专业人才培养、校企合作入手，进行专业改革，围绕"互联网＋"时代的新需求，系统把握和整体设计数字媒体技术人才转型升级的路径；针对"1＋X"证书制度，与相关企业合作对接课程内容与职业标准、对接教学过程与生产过程、对接专业教育与创业教育，打造产教融合实训基地。即借助企业设备或技术优势，合作共建集实践教学、技能培训与取证、技术研发、创新创业和社会技术服务于一体的高水平职业教育实训基地，为职业院校和社会人员取得职业技能等级证书、企业提升人力资源水平提供有力支撑，促进产教融合。

（五）积极改善实训条件，满足专业发展需求。

对现有的实训环境进行改扩建，根据学院相关制度进行实训室的改扩建申请，淘汰一批超出使用年限的实训设备，并购置能满足实训教学需求的新设备。

附件 1 数字媒体应用技术专业毕业生问卷调查

各位毕业生，非常高兴跟你们能有这次交流机会，请你们根据各自的实际就业情况，真实填写这份调查问卷，作为专业建设的一份重要参考数据。

姓　　名：＿＿＿＿＿＿＿＿　　就业（实习）单位：＿＿＿＿＿＿＿＿

就业岗位：＿＿＿＿＿＿＿＿　　月收入情况：＿＿＿＿＿＿＿＿

手　　机：＿＿＿＿＿＿＿＿　　邮　　　箱：＿＿＿＿＿＿＿＿

一、职业素养和能力要求

1. 你对工作的满意度（　　　）

　　A. 满意　　　　　B. 较满意　　　　C. 一般　　　　D. 不满意

2. 你认为工作中最重要的素养是（　　　）

　　A. 文化修养　　B. 诚信勤劳　　　C. 团队意识　　D. 兼顾前三项

3. 你在工作中最应该加强的是（　　　）（选 3 项）

　　A. 协作精神　　B. 文化修养　　　C. 创新精神　　D. 专业知识

　　E. 专业技能　　F. 动手能力　　　G. 社交能力　　H. 其他＿＿＿＿

4. 你认为下面哪些技能是工作中最需要的技能（　　　）（选 3 项）

　　A. 创意创新能力　　　　　　　B. 艺术欣赏能力

　　C. 语言表达能力　　　　　　　D. 策划写作能力

　　E. 技术制作能力　　　　　　　F. 团队协作能力

二、课程体系

1. 你认为本专业应开设下面哪些课程（　　　）（多选）

　　A. 专业理论类课程　　　　　　B. 创意写作类课程

　　C. 文化素养类课程　　　　　　D. 设计美学类课程

　　E. 交互设计类课程　　　　　　F. 项目实践类课程

　　G. 口语表达类课程

2. 以下软件类课程，您觉得哪些有必要（　　　）（多选）

　　A. 图形图像处理　　　　　　　B. 数字影音编辑

　　C. 数字影视特效　　　　　　　D. 三维动画设计

　　E. 数字音频编辑　　　　　　　F. 虚拟现实设计

　　G. 其他 如＿＿＿＿＿＿＿＿＿＿＿＿＿＿＿（可以仅写软件名）

3. 是否有建议补充的课程＿＿＿＿＿、＿＿＿＿＿、＿＿＿＿＿。

　　补充原因：＿＿＿＿＿＿＿＿＿＿＿＿＿＿＿＿＿＿＿＿＿＿＿＿

　　＿＿＿＿＿＿＿＿＿＿＿＿＿＿＿＿＿＿＿＿＿＿＿＿＿＿＿＿＿＿

三、实验实训

1. 你对本专业的实训条件是否满意?（　　　）

　　A. 满意　　　　　B. 较满意　　　　C. 一般　　　　D. 不满意

　　有什么建议_____

_____

2. 你对本专业的实训课程设置是否满意?（　　　）

　　A. 满意　　　　　B. 较满意　　　　C. 一般　　　　D. 不满意

　　有什么建议_____

_____

四、你对本专业人才培养的看法和建议

1. 你对本专业的专业人才培养方案（　　　）

　　A. 满意　　　　　B. 较满意　　　　C. 一般　　　　D. 不满意

2. 对专业人才培养方向的建议：

3. 通过实际工作，觉得自身需要强化的能力是什么，对专业在能力培养上的建议：

4. 你最想开设的课程（写 3 门）：

附件 2 数字媒体应用技术专业在校生问卷调查

各位数字媒体应用技术专业在校生，非常高兴能够跟你们有这次交流机会，作为专业建设的一份重要参考数据，请你们根据各自的实际学习情况，真实填写这份调查问卷。

姓　　名：＿＿＿＿＿＿　　　　　班　　　级：＿＿＿＿＿＿

职高/高中入学：＿＿＿＿＿＿　　单招/高考入学：＿＿＿＿＿

手　　机：＿＿＿＿＿＿　　　　　邮　　箱：＿＿＿＿＿＿

1. 你对专业的满意度（　　　）
   A. 满意　　　　　B. 较满意　　　　C. 一般　　　　D. 不满意
   不满意原因：＿＿＿＿＿＿＿＿＿＿＿＿＿＿＿＿＿＿＿＿＿＿＿

2. 你对专业课程设置的满意度（　　　）
   A. 满意　　　　　B. 较满意　　　　C. 一般　　　　D. 不满意
   不满意原因：＿＿＿＿＿＿＿＿＿＿＿＿＿＿＿＿＿＿＿＿＿＿＿

3. 你对专业课程内容的满意度（　　　）
   A. 满意　　　　　B. 较满意　　　　C. 一般　　　　D. 不满意
   不满意原因：＿＿＿＿＿＿＿＿＿＿＿＿＿＿＿＿＿＿＿＿＿＿＿

4. 你对专业老师的满意度（　　　）
   A. 满意　　　　　B. 较满意　　　　C. 一般　　　　D. 不满意
   不满意原因：＿＿＿＿＿＿＿＿＿＿＿＿＿＿＿＿＿＿＿＿＿＿＿

5. 你目前专业课程学习的困难点（　　　　）（多选）
   A. 技能操作能力提升困难　　　　B. 理论知识理解困难
   C. 艺术欣赏能力低下，没有美感　D. 程序设计思维能力低下
   E. 其他＿＿＿＿＿＿＿＿＿＿＿＿（可多写）

6. 你认为自己目前专业课程中最需要提升的素质能力有哪些？（　　　　　）
   （多选）
   A. 沟通能力　　　　　　　　　　B. 创意策划能力
   C. 写作能力　　　　　　　　　　D. 设计思维
   E. 审美能力　　　　　　　　　　F. 文化修养
   G. 其他＿＿＿＿＿＿＿＿＿＿＿＿（可多写）

7. 你认为工作中最重要的素养是（　　　）
   A. 文化修养　　　　　　　　　　B. 诚信勤劳
   C. 团队意识　　　　　　　　　　D. 兼顾前三项

8. 你认为本专业应开设下面哪些课程（　　　　　　）（多选）

    A. 专业理论类课程　　　　　　　　B. 创意写作类课程

    C. 文化素养类课程　　　　　　　　D. 设计美学类课程

    E. 交互设计类课程　　　　　　　　F. 项目实践类课程

    G. 口语表达类课程

9. 以下软件类技术课程，你觉得哪些有必要学（　　　　　　）（多选）

    A. PS　　　　　　B. Pr　　　　　　C. AE　　　　　　D. 3ds max

    E. AU　　　　　　F. Unity 3d

    G. 其他，如_____（可以仅写软件名）

10. 是否有建议补充的课程_____、_____、_____。

    补充原因：_____

11. 你对本专业的实训条件是否满意？（　　　）

    A. 满意　　　　　B. 较满意　　　　C. 一般　　　　　D. 不满意

    有什么建议_____

12. 你对本专业的实训课程设置是否满意？（　　　）

    A. 满意　　　　　B. 较满意　　　　C. 一般　　　　　D. 不满意

    有什么建议_____

13. 你最想开设的课程（写 3 门）：_____

_____

14. 你最满意目前专业开设的哪些课程（写 3 门）：_____

_____

15. 毕业后你对以后的职业规划是什么：_____

_____

附件3　2020年数字媒体应用技术专业企业访谈调研提纲

访问时间	2019.10—2020.6		访问地点	通信访问	访问记录人	
参与人员	姓名	年龄	工作单位/岗位		职务/职称	工龄
访问提纲	1. 企业概况及岗位设置调研 2. 岗位基本情况及要求调研 3. 企业对毕业生的知识要求、能力要求、素质要求及其他要求。 4. 行业新技术的发展 5. 企业对数字媒体应用技术专业培养目标与培养规格要求： （1）知识：过程性知识、陈述性知识 （2）能力：专业能力、方法能力、社会能力等 （3）素质：思想道德素质、科学文化素质、身心素质、职业素质等。					
访问结论记录						

备注：适用于实地访谈、座谈或通信访问。

附录4　高职院校数字媒体应用技术专业开设情况调研表

院校名称				
所在省市				
联系人	张敬	联系电话	13875868879	
QQ号	245787@qq.com			
专业基本情况	专业开设时间		2000年	
	专业进入目录后每年招生人数	年级	人数	
		2019		
		2018		
		2017		
		2016		
	已毕业的学生数量			
	毕业生就业去向			
	专业教师数量			
	校内实训条件			
	校外实训基地			
	核心课程			
	办学存在的最大困难			
专业调整意见及建议				

1. 目标与定位
2. 课程体系（核心课程、实践课程达的主要内容）
3. 所在地区行业、产业发展情况及趋势
4. 所在地区人才需求情况（岗位、岗位技能、数量）
5. 所在地区人才供给情况（层次、数量、去向）
6. 本专业建设现状及存在的困难
7. 专业是否需要更名？（请说明理由）
8. 其他建议
9.

附件	

附录 5 实地调研部分图片集

红网新媒体集团调研

自兴人工智能调研　　　　　　　乐田智作调研

中电软件园调研

草莓 V 视调研　　　　　　　美景创意调

湖南民政职业技术学院调研

长沙 HTC 威爱信息科技有限公司调研交流

马栏山视频文创园——2020 方实验室
传媒调研

组织召开省内高职院校数字媒体
应用技术及相关专业建设研讨